玩赚

AI副业108招

新媒体内容创作、盈利思维与多元创收方法

吴振彩　徐捷◎编著

 化学工业出版社

·北京·

内 容 简 介

本书通过108个精心挑选的招数，为读者打开了一扇玩赚AI副业的大门，书中不仅教授技术，更重要的是还提供一系列创新策略和实操技巧，帮助大家打开眼界。为了增强学习体验，本书还附赠了109集同步教学视频，使用手机扫码即可随时随地观看。

本书旨在引导读者利用AI技术开展副业，创造额外的收入。本书具体内容包括：开启AI副业财富之门的8种方法、精通新媒体AI内容创作的9个要点、掌握AI副业盈利思维的10个思路，以及用AI文案、AI绘画、AI视频、AI音乐、AI直播、AI设计、AI办公、AI电商、AI运营、AI摄影、AI服务、AI商业等做副业赚钱的81个技巧，帮助读者把握机遇，利用AI赚取自己的第一桶金。

本书适合对AI技术感兴趣，希望通过副业增加收入的人群阅读。无论是AI技术爱好者、自媒体人、创业者、程序员、设计人员、市场营销人员、教育工作者，还是学生、职场人士，都可以通过学习本书快速掌握利用AI副业赚钱的技巧，为自己创造更多的机会和收益。

图书在版编目（CIP）数据

玩赚AI副业108招 ： 新媒体内容创作、盈利思维与多元创收方法 / 吴振彩，徐捷编著. -- 北京 ： 化学工业出版社，2024. 10. -- ISBN 978-7-122-46252-7

Ⅰ. TP18

中国国家版本馆CIP数据核字第2024EM9038号

责任编辑：吴思璇　李　辰　　　　　　　　封面设计：异一设计
责任校对：李雨函　　　　　　　　　　　　装帧设计：盟诺文化

出版发行：化学工业出版社（北京市东城区青年湖南街13号　邮政编码100011）
印　　装：天津裕同印刷有限公司
710mm×1000mm　1/16　印张13¾　字数270千字　2025年2月北京第1版第1次印刷

购书咨询：010-64518888　　　　　　　　　售后服务：010-64518899
网　　址：http://www.cip.com.cn
凡购买本书，如有缺损质量问题，本社销售中心负责调换。

定　　价：79.80元

序言 | 开启智能财富之门：AI副业的无限可能

在这个被数字化浪潮重塑的时代，人工智能正以前所未有的速度渗透到我们工作和生活的每一个角落。AI改变了人们的交流方式、决策过程，甚至是创造财富的手段。作为长期观察和研究AI发展的爱好者，笔者深刻意识到AI技术的潜力远未被完全挖掘，尤其是在副业领域，AI的应用前景更是无限广阔。正是这种认识，激发了笔者撰写这本书的想法。

为什么写这本书？

首先，随着经济的发展和个人需求的多样化，越来越多的人开始寻求在传统职业生涯之外的额外收入。AI技术以其强大的数据处理能力和创新潜力，为个人提供了一种全新的收入途径。

其次，尽管市场上关于AI的讨论如火如荼，但大多数资源都集中在理论层面或高端应用上，缺乏对普通用户友好的、实操性强的指南。

因此，希望通过这本书，将AI的复杂概念和应用简化，为读者提供一条清晰的路径，让每个人都能够利用AI技术开启副业之旅。

本书具有以下几个显著特色。

① 全面性：本书全面覆盖了AI副业的3大核心知识点，从新媒体内容创作到盈利思维，再到多元创收方法，确保读者能够获得全方位的指导。

② 实操性：书中配备了大量的具体操作步骤或案例分析，使读者能够立即将所学知识应用于实践。

③ 多样性：书中详细介绍了12大AI副业类型，为不同兴趣和背景的读者提供了广泛的选择。

④ 创新性：108招的设计不仅基于当前的AI技术，更融入了创新思维，帮助读者在竞争激烈的市场中脱颖而出。

⑤ 易学性：随书附带的109集同步教学视频，让学习不再受时间和地点的限制，确保每位读者都能以最便捷的方式获得知识。

⑥ 前瞻性：本书不仅关注当前的AI应用，还预测了未来的趋势，为读者提供了长期的发展规划。

本书的目标读者包括但不限于创业者、自由职业者，以及所有对AI技术充满好奇和热情的个人。相信通过阅读本书，读者将能够掌握利用AI创造额外收入的关键技巧。本书旨在帮助读者实现以下目标。

- 掌握AI副业的基础知识，为进一步深入学习打下坚实的基础。
- 激发创新思维，鼓励读者探索AI技术在副业中的新用途。
- 提供实操指导，帮助读者将理论知识转化为实际收入。
- 增强市场竞争力，通过AI技术的应用，提升个人品牌的市场价值。
- 培养终身学习的习惯，在快速变化的AI领域中持续学习和成长。

在本书的陪伴下，让我们一起开启一段探索AI、创新思维、实现价值的旅程。衷心希望这本书能够成为大家实现财务自由和个人成长的得力助手。

◎ 温馨提示

（1）版本更新：在编写本书时，是基于当前各种AI工具和网页平台的界面截取的实际操作图片，但本书从编辑到出版需要一段时间，这些工具的功能和界面可能会有变动，请在阅读时，根据书中的思路举一反三，进行学习。其中，文心一言和ChatGPT的版本均为3.5，SD-Trainer的版本为v1.4.1，Stable Diffusion的版本为1.9.3，剪映专业版的版本为5.8.0，剪映手机版的版本为13.5.0，Photoshop的版本为2024（25.3.1）。

（2）提示词：也称为提示、文本描述（或描述）、文本指令（或指令）、关键词等。需要注意的是，即使是相同的提示词，各种AI模型每次生成的文本、图像、视频、音频等内容也都会有差别，这是模型基于算法与算力得出的新结果，是正常的，因此大家看到书里的截图与视频有差别，包括大家用同样的提示词自己再生成内容时，出来的效果也会有差异。

◎ 资源获取

如果读者需要获取书中案例的视频和其他资源，请使用微信"扫一扫"功能按需扫描下列对应的二维码即可。

读者 QQ 群　　　　　视频教学（样例）　　　　　其他资源

◎ 作者售后

本书由吴振彩、徐捷编著，参与编写的人员还有苏高、胡杨等人，在此表示感谢。由于编者知识水平有限，书中难免有疏漏之处，恳请广大读者批评、指正，沟通和交流请联系微信：2633228153。

目　录

第 1 章 8 种方法，开启 AI 副业财富之门

在当今这个科技快速发展的时代，人工智能（Artificial Intelligence，AI）不仅是科技领域的一个热词，而且已经成为推动经济和个人收入增长的关键力量。AI技术的快速发展为个人提供了前所未有的机会，无论是作为技术专家还是普通用户，都有机会通过AI开启副业，实现财富增长。

1.1 想用AI副业赚钱？必须牢记这3个核心要素！

随着人工智能技术的不断进步，越来越多的个人和企业家开始探索如何将AI融入他们的副业，以创造额外的收入流。然而，要在AI副业中取得成功并实现盈利，仅仅依靠AI技术的先进性是不够的。本节将介绍3个核心要素，这是成功利用AI开启副业赚钱的基础。

1.1.1 要素1：看清AI的真实价值

扫码看视频

在深入挖掘AI的盈利潜力之前，必须首先认识到AI技术的真实价值，并理解其潜在的局限性。在探索AI作为副业的盈利途径时，关键在于洞察AI技术的实际能力和其应用的边界。选择合适的AI工具和平台对提升工作效率和成果质量至关重要。然而，AI技术的商业应用并非没有挑战。

以小李的故事为例，他怀着通过AI技术在公域平台引流并销售产品的梦想，投入了大量资金购买在线课程和AI工具。遗憾的是，小李发现这些AI工具生成的内容并不实用，甚至导致视频被平台限制推广。

小李遭受的挫折并非个例，许多尝试利用AI技术赚钱的人也面临着类似的困境。这导致了一种普遍的误解，即认为AI技术或相关的培训服务缺乏实用价值。

然而，问题的根源其实并不在于AI技术本身，而在于人们对它的认知和应用方法。AI技术本质上是一种工具，它需要被正确地应用到具体的项目中才能发挥价值。就像一辆跑车，如果不让它跑在公路上，无论其性能多么强大，都只能成为一件昂贵的装饰品。

因此，为了实现盈利，需要将AI技术融入具体的商业模式中，如在线商店、网络服务或软件开发等。只有通过这种方式，AI技术才能成为推动业务增长和创造收入的有效工具。

例如，Copy.ai是一款AI驱动的文案生成工具，它利用先进的自然语言处理技术帮助用户快速创作吸引人的广告文案、社交媒体帖子和营销电子邮件。Copy.ai的目标是简化内容创作过程，提高内容创作效率，同时保持文案的质量和吸引力。

Copy.ai通过分析大量的文案数据，学习了不同行业和风格的文案作品。用户只需输入他们的产品或服务的关键信息，选择所需的文案类型和风格，Copy.ai就能生成一系列定制化的文案内容，如图1-1所示。

Copy.ai对用户的真实价值体现在以下几个方面。

❶ 效率提升：传统的内容创作可能需要数小时的研究和撰写，而Copy.ai可以在几分钟内生成多份文案草稿，大大提高了内容生产效率。

图 1-1 Copy.ai 生成的定制化文案示例

❷ 成本节约：对于中小企业和个人创业者，雇用专业文案人员写作文案的成本可能较高，Copy.ai提供了一种效益成本比更高的解决方案，使得高质量的内容创作变得更加容易和可负担。

❸ 个性化定制：尽管Copy.ai是一个自动化工具，但它允许用户根据自己的品牌声音和营销目标定制文案，确保生成的内容与用户的需求紧密相关。

❹ 学习和迭代：Copy.ai还提供了文案性能的反馈机制，用户可以根据实际效果对文案进行迭代优化，使得AI模型随着时间的推移而不断改进。

Copy.ai展示了AI在内容创作领域的真实价值，不仅提高了创作效率，降低了写作成本，还允许用户根据反馈进行个性化调整。由此可以看出，Copy.ai是一种将AI技术与人类创造力相结合，既有效率又有效果的营销工具。

总之，要看清AI的真实价值，关键在于理解它如何与特定业务流程相结合，提高效率，降低成本，并在实际应用中产生具体的商业成果。因此，在利用AI开启副业的旅途中，需要保持开放的心态，不断学习和适应新技术。同时，我们也应具备辨识和选择适合自己业务需求的AI工具的能力，以及将这些工具应用到实际项目中的创新思维。

1.1.2 要素2：找到合适的切入点

扫码看视频

在探讨如何通过AI开启副业来赚钱的过程中，一个关键的要素是找到合适的切入点。要有效地利用AI技术来赚钱，关键在于确定一个清晰且可行的商业模式和应用场景。这意味着在考虑引入AI之前，需要有一个已经证明可行的业务基础。寻找AI副业切入点的相关思路如下。

❶ 明确业务基础：如果你已经在运营新媒体账号，并且每个月能够稳定赚取一定的收入，那么引入AI技术可以帮你实现规模化的内容生产，从而扩大你的影响力和收入。例如，通过使用AI工具，可以自动化生成多平台的内容，实现从一个账号到多个矩阵账号的扩展，显著提升你的月收入。

❷ 提升工作效率：如果你的业务涉及短视频带货，那么AI技术同样可以提供帮助。利用如豆包这样的AI工具，可以分析热门视频的元素，如图1-2所示，帮助你快速制作出有吸引力的内容，极大提高你的工作效率。通过应用这样的AI技术，可以让你一个人完成过去需要一个团队才能完成的任务。

图1-2　使用豆包分析热门视频的内容示例

❸ 私域流量的AI应用：私域流量的运营同样可以因AI技术受益。通过AI生成的个性化内容在公域平台吸引流量，然后将这些流量转化为私域流量，可以显著提升运营效率和收入。

❹ 创业项目的AI应用：对于那些尚未有具体创业项目的人，AI技术的应用需要更加谨慎。在考虑使用AI技术之前，重要的是深入分析市场需求，找到自己的定位，并建立一个清晰的商业模式。只有对自己的业务目标有了明确的认识，

才能更好地理解AI技术如何为自己服务。

AI技术的引入并不是为了技术本身，而是为了解决具体的业务问题和创造商业价值。因此，找到合适的切入点，将AI技术与自己的业务需求相结合，是实现AI副业盈利的关键所在。

1.1.3　要素3：探索人机合作的新商业模式

扫码看视频

在探索AI副业的盈利途径时，构建AI与人的协作模式是一个至关重要的要素。为了在AI领域取得盈利，除了清晰的市场定位和精心设计的商业模式，还需要培育AI与人的协同合作模式。

首先，必须认识到AI技术的局限性。尽管AI在数据处理、模式识别和内容生成等方面具有显著优势，但在创意思维、情感表达及对文化和社会背景的理解上，AI仍然无法与人类相媲美。因此，有效的AI应用策略应该是让AI和人类各自发挥所长，形成互补的工作模式。

其次，AI的强大分析能力可以帮助人们精准定位目标客户群体，但建立真正的沟通和信任关系，仍需个人的参与和努力。对于那些尚未确定商业项目的人，AI可以作为一个强大的助手，通过分析市场趋势，AI能够帮助人们发现潜在的商机。在找到合适的项目后，AI可以辅助人们进行初步的方案设计和实验，但最终的决策和执行过程，还需要依赖人类的经验和直觉。

例如，GitHub Copilot是由GitHub和OpenAI共同开发的一个AI编程助手，它利用了先进的自然语言处理技术，帮助开发者更高效地编写代码，如图1-3所示。

图 1-3　GitHub Copilot 可以帮助开发者更高效地编写代码

GitHub Copilot通过理解开发者的指令和代码上下文，提供实时的代码补全和功能建议，其中的人机合作模式具有如下特点。

❶ 互补性：GitHub Copilot并不是要完全取代开发者，而是在他们编写代码的过程中提供辅助，帮助解决编程难题，提升编码效率。

❷ 个性化学习：通过与开发者互动，GitHub Copilot能够学习并适应每个开发者的编程风格和习惯，提供个性化的代码建议。

❸ 创新加速：开发者可以利用GitHub Copilot快速生成代码原型，从而将更多的时间和精力投入到创新和复杂问题的解决上。

❹ 教育与培训：对于初学者，GitHub Copilot可以作为一个教育工具，帮助他们学习编程语言的语法和最佳实践。

通过这种高效的人机合作方式，AI工具不仅提高了单个开发者的生产力，还为整个软件开发行业带来了积极的变化，可以探索出更多的商业模式，具体如下。

❶ 订阅服务：GitHub Copilot采用付费订阅模式，为用户提供持续的AI编程辅助服务。

❷ 企业合作：GitHub Copilot可以与企业合作，提供定制化的编程辅助服务，帮助企业提升开发效率和产品质量。

❸ 社区驱动：通过建立开发者社区，GitHub Copilot可以收集用户反馈，不断优化AI模型，形成良性的用户体验改进循环。

GitHub Copilot的应用展示了AI技术如何与人类专家协同工作，提升工作效率，并创造新的商业模式。总之，要探索AI的人机合作新商业模式，关键在于理解AI技术的能力和局限，以及如何将这些技术与人类的智慧和创造力结合起来，创造出更大的价值。

1.2　做好5大准备工作，教你怎么开启AI副业

在这个由数据驱动的时代，AI技术正逐渐成为副业创收的强大引擎。无论是对于技术爱好者、自由职业者，还是对于希望在职场之外寻求额外收入的职场人士，AI都提供了无限的可能。然而，要成功地将AI技术转化为副业收入，每个人都需要做好充分的准备。

1.2.1　准备1：了解AI的基础知识

扫码看视频

在探索AI副业的盈利潜力之前，必须对人工智能有一个基本的认识。AI，即人工智能，指的是一系列模仿人类智能行为的技术，包括学习、推理、自我修正和感知。要有效地利用AI技术开启副业来赚钱，以下是一些关键的AI基础知识点，需要大家了解。

❶ AI与机器学习（Machine Learning，ML）的区别：AI是广泛的概念，指的是任何能够模仿人类智能行为的技术；ML是AI的一个分支，专注于使计算机从数据中学习并改进其性能。

❷ ML的关键算法：AI的核心在于算法，它是AI系统学习和做出决策的基础，常见的算法有以下几种。

·监督学习算法：如线性回归、逻辑回归。线性回归是一种统计学方法，是用于确定两个或多个变量之间关系的最佳线性描述，常用于预测连续数值，如房价预测。逻辑回归实际上是分类问题的解决方法，它预测的是事件发生的概率，常用于垃圾邮件检测、疾病诊断等二分类问题。

·无监督学习算法：如聚类算法（K-means），这是一种常用的无监督学习算法，用于将数据分为多个类别或簇，每个簇由其质心（即簇内所有点的平均值）定义，算法的目标是最小化簇内的方差。

·强化学习算法：如Q学习、SARSA。Q学习是一种价值迭代方法，用于学习代理在给定状态下采取特定行动的预期效用。SARSA与Q学习类似，是一种用于学习最优策略的强化学习算法，但它采用的是时序差分学习，即同时考虑了状态、行动和奖励的即时值与未来预测值。

❸ 深度学习（Deep Learning，DL）：DL是ML的一个子集，使用神经网络模拟人脑处理复杂数据。例如，卷积神经网络（Convolutional Neural Networks，CNN）可用于AI绘画和图像识别；循环神经网络（Recurrent Neural Network，RNN）可用于时间序列分析。

❹ 自然语言处理（Natural Language Processing，NLP）：NLP是AI的一个应用领域，专注于使计算机理解和处理人类语言。

❺ 数据预处理：包括数据清洗（去除噪声和不一致性）和数据转换（标准化和归一化）等。

❻ 特征工程：用于选择和构建模型训练所需的关键特征。

❼ 模型评估：使用准确率、召回率、F1分数等指标评估模型性能。

❽ 过拟合与欠拟合：理解模型可能遇到的常见问题，并学会如何避免它们。

❾ AI的伦理问题：如隐私保护（确保数据收集和处理遵守隐私法规）、偏见和公平性（避免算法决策中的偏见）等。

❿ AI的应用案例：研究AI在不同行业中的实际应用，如医疗诊断、股票交易、自动驾驶等。

⓫ AI工具和平台：熟悉常用的AI开发工具，如TensorFlow、PyTorch、Scikit-learn等。

⓬ 云计算与AI：了解如何利用云服务平台（如AWS、Azure、Google Cloud）提供的各种AI服务。

⓭ AI未来的发展：AI技术不断进步，新的模型和工具层出不穷。关注AI领域的最新动态，可以帮助人们把握行业趋势，预见未来的发展方向。

掌握这些基础知识，可以更好地理解AI技术的工作原理，评估其在副业中的潜在应用，并做出明智的决策。此外，随着AI技术的快速发展，持续学习和更新知识也是非常重要的。

★ 专家提醒 ★

若渴望深入了解AI基础知识，强烈推荐阅读《AI训练师手册：数据标注+分析整理+算法优化+模型训练》这本著作，系统地掌握AI的基础知识，为AI副业之旅打下坚实的基础。

1.2.2　准备2：使用AI进行内容创作

扫码看视频

在AI副业的探索中，利用AI进行内容创作是一个值得关注的领域。AI技术的快速发展为内容创作带来了革命性的变化，通过其强大的自然语言处理和图像识别能力，AI不仅能够辅助生成文本内容，还能设计视觉作品和制作视频，极大地丰富了内容创作的可能性。下面列举了一些AI的内容创作功能。

❶ AI辅助写作：AI写作工具可以快速生成文章草稿，提供创意写作提示，甚至可以校对和编辑文章，这使得人们能够在更短的时间内创作出更多高质量的内容。图1-4所示为使用文心一言创作的散文诗。

❷ 视觉内容设计：利用AI的图像识别技术，可以设计出引人注目的海报和社交媒体图像。AI设计工具能够理解设计原则，并为人们提供个性化的视觉解决方案。图1-5所示为使用美图设计室制作的活动邀请函。

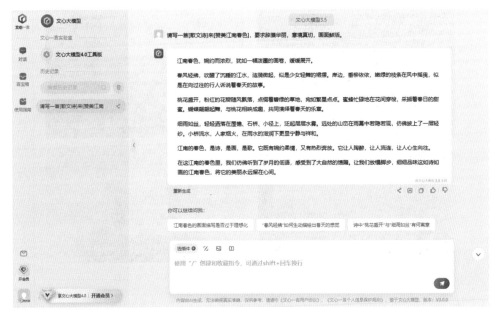

图 1-4　使用文心一言创作的散文诗

图 1-5　使用美图设计室制作的活动邀请函

❸ 视频制作：AI视频编辑软件能够自动化视频编辑过程，从剪辑到特效，甚至是配音，都能在用户的指令下高效完成。图1-6所示为使用剪映的"图文成片"功能生成的房地产广告视频。

图1-6　使用剪映的"图文成片"功能生成的房地产广告视频

　　利用AI辅助工具，内容创作者可以节省大量时间，这些时间可以用于创意思考和策略规划，从而提升整体的创作质量和效率。另外，使用AI工具可以让创作者能够将注意力集中在创造更具深度和价值的内容上，而不是被烦琐的重复性工作占据。

1.2.3　准备3：使用AI做数据分析和市场研究

扫码看视频

　　在AI副业的探索旅程中，除了做好AI内容创作的准备工作，探索使用AI进行数据分析和市场研究方面的应用同样不容忽视。

　　AI技术的先进能力不局限于内容创作，它还是用于数据分析和市场研究的强大工具。通过AI对大量数据的深入分析，人们可以揭示市场趋势、理解受众需求，并评估竞争环境，为人们的AI副业提供数据支持和决策依据。图1-7所示为使用Kimi分析中国奶茶行业发展的相关数据。

　　下面是AI在数据分析和市场研究方面的一些典型应用。

　　❶ 市场趋势分析：AI算法能够处理和分析海量数据集，识别模式和趋势，帮助人们预测行业的发展方向，这些洞察对于制定商业战略和定位产品至关重要。

　　❷ 受众需求理解：通过AI工具分析社交媒体、论坛和评论等来源的数据，人们可以更好地理解目标用户的兴趣和需求，从而为他们提供更加个性化的内容。

图 1-7　使用 Kimi 分析中国奶茶行业发展的相关数据（部分图表）

❸ 竞争分析：AI技术可以帮助人们监控竞争对手的动态，分析他们的市场表现，从而发现潜在的竞争优势和市场机会。

❹ 股票市场预测：利用AI算法对股票市场的历史数据进行分析，可以预测市场走势，为投资决策提供参考。

❺ 用户行为分析：AI工具可以用来分析用户行为数据，帮助人们优化产品和服务，提升用户体验。

通过将AI技术应用于内容创作和市场研究，人们可以在AI副业中实现更精准的市场定位和更高效的决策制定。

1.2.4　准备4：使用AI技术进行在线销售

在AI副业的探索中，学会利用AI技术进行在线销售也是人们需要做好的准备工作。在线销售是AI副业中一个高效且常见的赚钱方式，通过结合AI技术，人们可以在电子商务平台上提升销售效率和用户满意度，从而增加收入。下面是AI技术在在线销售中的一些典型应用场景。

扫码看视频

❶ 电子商务平台的搭建：利用AI技术，人们可以创建个性化的电子商务平台，或者在现有平台上优化自己的店铺。AI的推荐算法能够帮助人们向用户展示他们可能感兴趣的商品，从而提高商品的曝光率和购买转化率。

❷ 个性化营销：AI技术可以根据用户的购买历史和浏览行为，提供个性化的产品推荐，这种定制化的购物体验能够提高用户忠诚度，促进用户复购。

❸ 智能客服：AI驱动的聊天机器人可以提供全天候的即时客户支持，解答用户疑问，处理售后问题，从而提升用户满意度和品牌形象。例如，网易云商平台推出的七鱼在线机器人是一种智能客服系统，可以准确地识别用户的意图和问题，同时提供更加人性化和个性化的回复和建议，相关应用示例如图1-8所示。这不仅提高了用户的满意度和忠诚度，还大大减轻了人工客服的工作负担，提高了企业的运营效率。

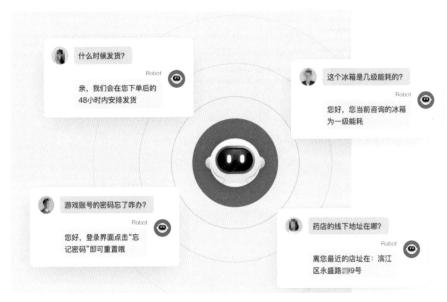

图 1-8　七鱼在线机器人的应用示例

❹ 自动化物流管理：AI技术还可以用于优化库存管理和物流调度，确保商品及时配送，减少物流成本，提高整体的供应链效率。

❺ 提升购物体验：通过AI分析用户反馈，人们可以不断改进网站界面和购物流程，提供更加流畅和直观的购物体验。

通过这些AI技术的应用，人们可以在在线销售领域中建立竞争优势，为利用AI开启副业开辟新的领域。

1.2.5　准备5：保持学习和创新意识

在探索AI副业的旅程中，保持学习和创新意识是实现成功的重要驱动力。AI领域日新月异，新的算法、工具和应用不断涌现，因此每

扫码看视频

个人都需要保持好奇心和学习热情，紧跟技术发展的步伐，相关要点如下。

❶ 持续学习：AI技术的持续进步要求人们不断更新知识库，通过阅读最新的研究论文、参加在线课程、参与行业会议，保持对AI最新趋势的敏感性。

❷ 掌握新技术：随着AI技术的不断发展，新的工具和平台不断出现。通过实践和探索，大家可以掌握这些新技术，并将它们应用到自己的副业中。

❸ 创新思维：创新不仅仅是技术的创新，还包括商业模式、服务方式和用户体验的创新，人们需要思考如何将AI技术与不同行业结合，创造出独特的价值主张。

❹ 跨领域结合：AI技术可以与医疗、教育、金融等多个领域结合，创造出新的商业机会，通过跨学科学习和合作，可以开发出创新的产品和服务。

❺ 适应变化：AI技术的发展也带来了市场和行业的变革，人们需要保持灵活性，适应这些变化，并寻找新的机遇。

大家只有保持学习和创新意识，才能确保在AI副业中始终保持竞争力，并抓住新兴的商机。

第2章 9个要点，精通新媒体 AI 内容创作

随着新媒体的兴起，内容创作已成为连接创作者与用户的重要桥梁。AI技术的介入，为这一领域带来了极大的影响，同时也为副业探索者开辟了新的收入渠道。本章将深入探讨如何通过AI技术在新媒体领域进行内容创作，来实现副业收入的增长。

2.1　4大趋势，了解如何在新媒体中用好AI这把利器

在信息爆炸的今天，新媒体行业迎来了AI技术的浪潮，这股浪潮正深刻地重塑内容创作的形式。AI技术不仅提升了新媒体内容的创作效率，还拓展了新媒体副业的盈利模式和市场机会。随着AI技术的不断进步，未来其在新媒体副业中的应用将更加广泛和深入。

AI改变了信息的传播方式，为新媒体创作者提供了前所未有的工具和平台，以提高工作效率和内容质量，让其依靠新媒体副业获得更多收入。本节将探讨4个关键趋势，它们揭示了AI在新媒体内容创作领域的主要应用场景。

2.1.1　趋势1：AI颠覆搜索形态

扫码看视频

在新媒体行业，资料搜索是内容生产的关键步骤，创作者面临着从海量数据中快速、准确地收集信息的挑战。传统的搜索方式已经无法满足当前需求，AI技术的应用极大地提升了资料搜索的效率和准确度。

AI使得搜索引擎能够更加准确地理解人们的查询意图，并提供更加精准的搜索结果。例如，秘塔利用AI技术，通过自然语言交互，不仅将相关网页链接返回给用户，还能生成创造性的内容，如观点、案例和大纲，如图2-1所示。这种AI搜索服务能够根据人们的需求持续优化检索结果，提供深度和广度兼具的信息。

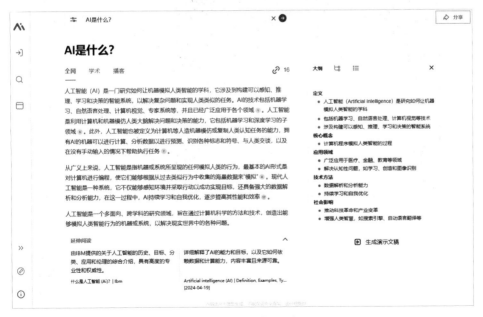

图 2-1　秘塔 AI 搜索示例

当创作者准备撰写关于"AI是什么"的文章时，秘塔能够协助搜索相关资料，提炼关键内容和观点，并不断优化搜索结果，从而提高写作效率和文章质量。另外，在秘塔的搜索结果中单击"生成演示文稿"按钮，可以将生成的内容直接转换为PPT，如图2-2所示，从而提升工作效率和内容质量。

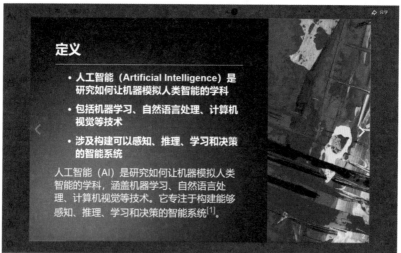

图 2-2　将生成的内容直接转换为 PPT

2.1.2　趋势2：AI助推内容结构化

对于新媒体行业，将大量非结构化的数据转化为有用的信息是一大挑战。AI技术的介入，为这一难题提供了解决方案，尤其是在资讯

扫码看视频

类新媒体内容创作中，资料的整理和分析是揭示事件全貌、理解利益关系和挖掘有价值线索的关键步骤。随着AI技术的发展，新媒体创作者可以利用各种智能工具来优化这一过程。

AI技术能够帮助新媒体创作者通过自动化的方式，对资料进行归类、分析和提取关键信息，这不仅提高了工作效率，还提高了内容的深度和质量。

例如，Kimi作为一款基于AI技术的文案工具，能够帮助创作者高效地整理和分析资料，从而提升内容创作的质量和效率。Kimi能够根据创作者定义的关键词和语义内容，自动分析、筛选并结构化相关的文档和资料，相关操作方法如下。

步骤 01 在Kimi底部的提示词输入框右侧，单击🗋按钮，如图2-3所示。

图 2-3　单击相应的按钮

步骤 02 执行操作后，弹出"打开"对话框，选择相应的文档，如图2-4所示。

步骤 03 单击"打开"按钮，即可上传并分析文档，输入相应的提示词，如图2-5所示。

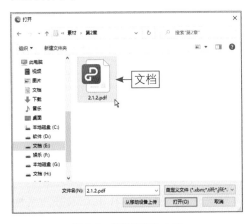

图 2-4　选择相应的文档

图 2-5　输入相应的提示词

17

步骤 04 单击▶按钮，即可将提示词和文档同时发送给Kimi，并自动分析文档内容，根据提示词要求对内容进行总结，效果如图2-6所示。

通过Kimi的智能分析功能，创作者可以节省大量的文献资料收集时间，将精力集中在创意和深度分析上。Kimi的这一功能对于需要处理大量信息的新闻报道、深度文章撰写和新媒体内容制作尤为重要。

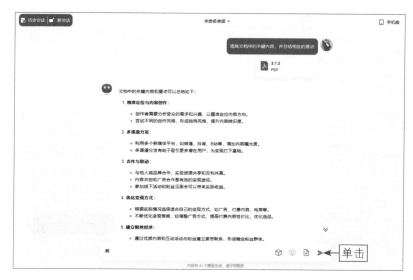

图 2-6　自动总结文档（部分内容）

通过Kimi这类强大的AI工具，创作者可以迅速找到有价值的信息，并从中提炼出核心主题和要点，这不仅加快了新媒体内容创作的速度，也提高了内容的准确性和深度。随着AI技术的不断进步，可以预见将有更多的智能工具被开发出来，以帮助创作者处理数量日益增长的信息。

2.1.3　趋势3：AI提升写作效率

在新媒体时代，AI写作工具正成为提升写作效率的重要辅助，不仅加快了文章的产出速度，还有助于提高内容的质量和多样性。

扫码看视频

传统的新媒体文章写作是一个耗时且复杂的过程，但AI写作工具的出现正在改变这一局面，这些工具利用NLP技术，能够基于预设的语料库和指令，自动生成文章的结构和内容，从而大幅提升写作效率。

AI写作工具如文心一言，允许用户输入标题并选择适用的场景模板，如创意写作、灵感策划、功能写作和营销文案等，快速生成文章大纲和填充内容。这种自动化的写作方式不仅节省了创作者的时间，还拓宽了内容创作的空间。

文心一言是百度研发的知识增强大语言模型，能够与人对话互动、回答问题、协助创作，高效便捷地帮助人们获取信息、知识和灵感。例如，使用文心一言可以快速生成一篇短篇小说，具体操作方法如下。

步骤01 进入文心一言主页，默认使用的是文心大模型3.5，在左侧的导航栏中单击"百宝箱"按钮，如图2-7所示。

图 2-7　单击"百宝箱"按钮

步骤02 执行操作后，弹出"一言百宝箱"窗口，切换至"场景"|"创意写作"选项卡，单击"创意写作家"卡片中的"使用"按钮，如图2-8所示。

图 2-8　单击"使用"按钮

☆ 专家提醒 ☆

"一言百宝箱"中的各种预设指令模板，经过文心一言的精心设计，可以在不同的场景中引导AI生成最佳回复。

步骤03 执行操作后，即可将所选的指令模板自动填入到提示词输入框中，单击 按钮，如图2-9所示。

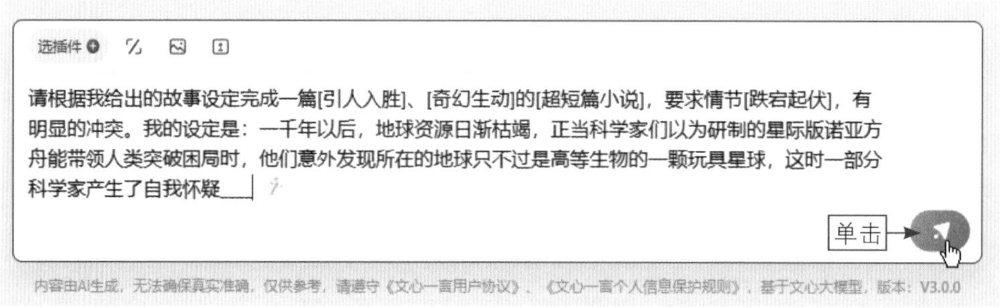

选插件 ➕ ∿ ⊠ 𝟭

请根据我给出的故事设定完成一篇[引人入胜]、[奇幻生动]的[超短篇小说]，要求情节[跌宕起伏]，有明显的冲突。我的设定是：一千年以后，地球资源日渐枯竭，正当科学家们以为研制的星际版诺亚方舟能带领人类突破困局时，他们意外发现所在的地球只不过是高等生物的一颗玩具星球，这时一部分科学家产生了自我怀疑____

单击

内容由AI生成，无法确保真实准确，仅供参考，请遵守《文心一言用户协议》、《文心一言个人信息保护规则》，基于文心大模型，版本：V3.0.0

图 2-9　单击相应的按钮

步骤04 执行操作后，即可生成相应的文章内容，具体内容如下。

　　一千年后，地球的资源日渐枯竭，科学家们倾尽全力研制星际版诺亚方舟，期待能带领人类突破困局，寻找新的生存空间。然而，在即将启动之际，他们意外发现了一个惊人的事实——地球，这颗孕育了无数生命的星球，竟只是高等生物的一颗玩具星球。

　　消息如野火般迅速传开，引起了轩然大波。人们惊慌失措，科学家们也陷入了深深的困惑。一部分科学家开始产生自我怀疑，他们怀疑自己的知识，怀疑自己的信仰，甚至怀疑自己的存在。

　　然而，就在人们即将陷入绝望之际，一位名叫艾莉丝的年轻女科学家站了出来。她坚信，无论地球是不是高等生物的玩具，人类的价值和尊严都不应被抹杀。她提出了一个大胆的计划：利用星际版诺亚方舟，挑战那些高等生物，证明人类的勇气和智慧。

　　艾莉丝的计划引起了巨大的争议，但最终还是得到了一部分人的支持。他们决定跟随艾莉丝，踏上这条未知而充满挑战的道路。

　　星际版诺亚方舟穿越了茫茫宇宙，终于来到了高等生物所在的星球。然而，他们并未得到预期的欢迎，反而遭到了猛烈的攻击。高等生物们认为人类只是微不足道的存在，不值得他们花费任何精力去关注。

　　面对强大的敌人，艾莉丝和她的团队并未退缩。他们利用自己的智慧和勇气，一次次破解了高等生物的攻击，向他们展示了人类的决心和力量。

最终，在一次激烈的战斗中，艾莉丝成功破解了高等生物的防御系统，让他们认识到了人类的真正价值。高等生物们被人类的勇气和智慧所震撼，决定停止将地球作为他们的玩具，并给予了人类一定的尊重和帮助。

艾莉丝和她的团队返回了地球，带来了新的希望和资源。人们重新燃起了对生活的热情，科学家们也找回了自信和勇气。他们知道，无论地球是不是高等生物的玩具，人类都将继续前行，探索未知的宇宙，寻找属于自己的未来。

除了创作文章，AI工具还能自动检测并修正语法、拼写和标点错误，提供文本优化和风格调整建议，从而帮助创作者在写作过程中避免常见的语言错误，并提升文章的整体质量。

需要注意的是，尽管AI写作工具能够快速产出文章，但它们生成的内容可能缺乏人类作家的灵活性和创造性。AI可能难以捕捉到文本的深层含义，有时会产生语法错误或语义歧义。因此，人工的介入和编辑仍然是确保文章质量的关键所在。

因此，在使用AI写作工具时，创作者需要进行最终的审查和编辑，以确保文章的准确性和深度。创作者的角色从传统的写作转变为编辑和内容策略规划，确保AI生成的内容符合新媒体平台的标准和用户的需求。

2.1.4　趋势4：AI助力短视频创作

扫码看视频

AI短视频创作工具正成为新媒体创作的重要助力，它在提升创作效率和内容质量方面展现出了巨大潜力，通过自动化和智能化的编辑功能，极大地提高了视频内容的生产效率。AI短视频创作工具利用先进的算法，能够快速生成视频素材、动画和特效，从而简化视频的制作。

例如，剪映是一款应用广泛的影视后期制作软件，并提供了自动化的视频编辑功能。剪映可以智能识别视频中的语音并自动生成字幕，减轻了编辑工作量，相关操作方法如下。

步骤01 在剪映中导入视频素材并将其添加到视频轨道中，单击"文本"按钮，如图2-10所示。

图 2-10　单击"文本"按钮

步骤 02 执行操作后，切换至"智能字幕"选项卡，单击"识别字幕"卡片中的"开始识别"按钮，即可自动生成对应的字幕，如图2-11所示。

图 2-11　生成对应的字幕

尽管AI工具在技术层面取得了进步，但它们在创意和审美上仍然难以匹敌人类的直觉和情感表达。人类的想象力和创造力是目前AI无法完全复制的，这要求创作者在使用AI工具编辑短视频时，仍需投入创意思考和个性化的编辑工作。

　　另外，AI短视频创作工具通常会提供大量的素材和模板，如图2-12所示，但创作者在使用这些资源时，需要谨慎处理版权问题。尽管很多工具提供商声称其内容经过筛选和审核，但版权的复杂性要求创作者保持警惕，避免因使用未经授权的素材而引发法律风险。

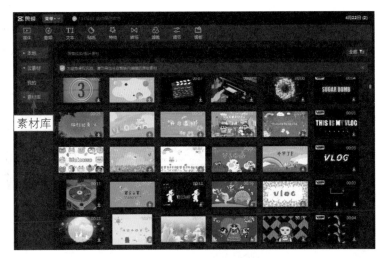

图 2-12　剪映中的素材库

2.2　5大类型，了解AI在新媒体内容创作中的应用

　　在新媒体时代，AI技术正以前所未有的速度和方式改变内容创作生态。AI技术不仅显著提高了创作效率，还开辟了新的创作路径，为新媒体内容注入了新的活力。此外，它也为做新媒体副业的创作者开辟了增收的新渠道。

　　本节将探讨AI在新媒体内容创作中的5大主要应用类型，帮助创作者更好地利用AI技术，激发创意，优化流程，并最终提升作品的质量和流量。

2.2.1　应用1：文字创作

扫码看视频

　　AI技术在文字创作领域的应用正变得越来越广泛，它不仅提升了写作效率，还为新媒体创作带来了新的可能性。AI能够快速生成文章、新闻报道、评论等文本内容，其质量已经可以与人类创作者相媲美。通过分析和学习大量数据，AI还能够提供定制化的文案，极大地节省了传统写作所需的时间和精力。

　　AI写作工具能够在短时间内处理和分析大量信息，生成结构化和内容丰富的文本，这种技术的应用使得创作者可以快速获得草稿，之后进行细化和个性化修改。同时，AI可以根据特定的风格、主题或数据集生成文案，从而满足不同的写作需求，为创作者提供了强大的支持。

例如，ChatGPT是一款基于生成式预训练（Generative Pre-Trained，GPT）模型的AI写作工具，它能够理解自然语言提示词，并生成连贯、有逻辑性的文章和故事。ChatGPT的应用不局限于简单的文本生成，还能够进行语言翻译、问答和文本摘要等多种任务。下面介绍使用ChatGPT进行文字创作的操作方法。

步骤01 进入OpenAI官网，单击Try ChatGPT（试用ChatGPT）按钮，如图2-13所示。

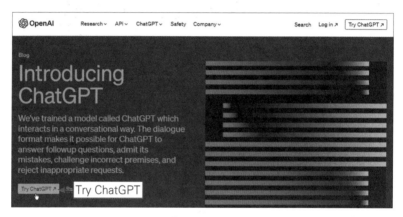

图 2-13　单击 Try ChatGPT 按钮

步骤02 执行操作后，进入New chat（新聊天）页面，输入相应的提示词，如图2-14所示。

图 2-14　输入相应的提示词

步骤03 按【Enter】键确认后，ChatGPT即可生成相应的美食攻略内容，非常适合美食博主作为参考文案，具体内容如下。

麻婆豆腐是一道非常经典的川菜，或香辣、或麻辣的口感让人回味无穷。这里是一份基本的麻婆豆腐的做法和一些注意事项。

麻婆豆腐的做法：

材料：
- 嫩豆腐1块（约400克）
- 猪肉末100克（也可以用牛肉）
- 豆瓣酱2大勺
- 干辣椒段6～8根（根据个人口味调整）
- 蒜末1大勺
- 姜末1大勺
- 青蒜适量
- 鸡精适量
- 生抽1小勺
- 料酒1小勺
- 水淀粉适量
- 花椒粉1/2小勺
- 食用油适量

做法：
1. 将豆腐切成小块，放入开水中焯一下，这样煮出来的豆腐口感会更加嫩滑。
2. 热锅凉油，油温热后加入干辣椒段爆香，爆出香味后捞出备用。
3. 锅中留底油，放入蒜末和姜末爆香。
4. 加入豆瓣酱炒出红油，放入肉末炒熟。
5. 加入少许生抽和料酒，炒匀。
6. 加入适量的水或高汤，烧开后放入焯过水的豆腐块，小火炖煮5分钟左右，让豆腐充分入味。

7. 加入少许鸡精，淋上水淀粉勾芡，让汤汁变得浓稠。

8. 最后撒上花椒粉和青蒜，翻炒均匀即可。

注意事项：

- 豆腐的选用：麻婆豆腐的口感很大程度上取决于豆腐的质地，通常情况下，嫩滑的嫩豆腐更适合做麻婆豆腐。

- 爆香干辣椒：在热油中爆香干辣椒能让油变得香辣，提升菜肴的味道，但注意不要爆糊了。

- 豆瓣酱的用量：可根据个人口味和豆瓣酱的咸淡程度适量使用，可以先少放一些，再根据需要添加。

- 炒肉末：炒肉末时可以先炒至变色，再加入调味料，这样可以让肉更加入味。

- 水淀粉勾芡：水淀粉可以使得汤汁变得浓稠，但加入的时候要一点点地倒入，以免加入过多影响口感。

希望这些能帮到你，做出一道美味的麻婆豆腐！

随着技术的不断进步，AI写作工具将变得更加智能和个性化，它们将能够更好地理解创作者的意图，生成更符合个人风格的文本，并在新媒体文案写作中发挥更大的作用。

2.2.2 应用2：视频生成

AI技术在视频领域的应用正变得越来越多样化和高效，正在逐渐改变视频制作的流程，它能够根据给定的文字或素材自动生成精美的视频作品。AI视频制作工具通过分析视频的各种参数和内容，自动完成剪辑、添加特效和音乐等烦琐的任务，生成符合创作者要求的短视频。

扫码看视频

例如，genmo的文字到视频功能使用了强大的人工智能技术，只需要简单的文字描述，就可以生成栩栩如生的视频，具体操作方法如下。

步骤 01 进入genmo官网，输入相应的提示词，如图2-15所示。

步骤 02 单击Submit（提交）按钮，稍等片刻，AI即可根据提示词的要求，生成相应的视频，效果如图2-16所示。

图2-15 输入相应的提示词

图2-16 生成相应的视频效果

　　AI视频工具的自动化特性，极大地提高了视频制作效率，使得创作者可以在短时间内制作出高质量的视频内容，这种效率的提升为新媒体机构和个人创作者节省了大量的时间和资源。

　　AI技术的应用不仅提高了效率，还拓宽了创作者的想象力和创作空间。AI可以提供创新的编辑建议和视觉效果，激发创作者的创意灵感，帮助他们实现更加复杂和创新的视频制作理念。

　　需要注意的是，尽管AI视频工具提供了许多便利，但它们在理解复杂的人类情感和创意意图方面仍有局限。因此，AI视频工具通常需要与人类的创意指导和后期微调相结合，以确保最终视频作品的质量和情感表达。

　　随着AI技术的不断进步，未来的AI视频工具将更加智能化和个性化，它们将能够更好地理解创作者的意图，提供更加精准的编辑建议，甚至可能在完全自动化的基础上生成完整的视频故事。例如，OpenAI推出的文生视频模型Sora，借助先进的生成式人工智能技术，能够将文本描述转化为栩栩如生、充满创意的视频内容，相关示例如图2-17所示。

图 2-17　Sora 生成的 AI 视频效果示例

2.2.3　应用3：声音合成

AI技术在声音合成领域的应用正变得越来越广泛，它能够模拟真实人声并生成逼真的人工语音。同时，AI驱动的声音合成技术正逐渐成为新媒体创作的重要工具。通过学习人声样本，AI可以生成与真人无异的语音，这一技术在有声读物、广播电台、视频配音等领域展现出了巨大的潜力，为新媒体内容创作带来了前所未有的多样化和个性化选项。

扫码看视频

例如，使用剪映的"朗读"功能，可以自动给视频配音，不仅能够模仿特定的人声，而且还支持多种语言和方言，同时还能够根据上下文调整语调和情感，生成极具表现力的语音内容，具体操作方法如下。

步骤01 在剪映中创建一个空白草稿，单击"文本"按钮，在"新建文本"选项卡中，单击"默认文本"右下角的"添加到轨道"按钮，如图2-18所示。

步骤02 执行操作后，即可在时间线窗口中添加一个文本轨道，如图2-19所示。

图2-18　单击"添加到轨道"按钮

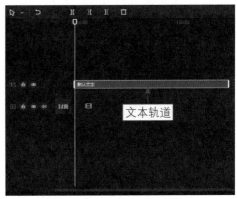

图2-19　添加一个文本轨道

☆ 专 家 提 醒 ☆

剪映的"朗读"功能主要是将文字转换为语音，同时还可以对语速、音色、音调等参数进行调整，以满足不同的需求。

步骤03 在"文本"操作区的"基础"选项卡中，单击文本框右下角的"智能文案"按钮，如图2-20所示。

步骤04 执行操作后，弹出"智能文案"对话框，输入相应的提示词，如"帮我写一篇旅行游记"，如图2-21所示。

步骤05 单击按钮，即可用AI生成相应的口播文案，如图2-22所示。

步骤 06 单击"下一个"按钮，即可生成新的文案内容，如图2-23所示。

图 2-20 单击"智能文案"按钮

图 2-21 输入相应的提示词

图 2-22 生成相应的口播文案

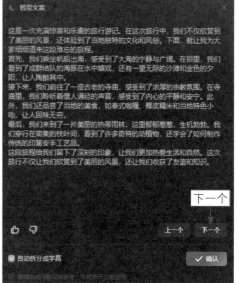

图 2-23 生成新的文案内容

步骤 07 生成满意的口播文案后，单击"确认"按钮，即可自动将文案拆分成字幕，选择"默认文本"素材，单击"删除"按钮，如图2-24所示，将其删除。

步骤 08 选择文本轨道中的所有文本素材，切换至"朗读"操作区，选择一种合适的音色，如"随性女声"，如图2-25所示。

步骤 09 单击"开始朗读"按钮，即可生成与文案内容对应的语音播报内容，如图2-26所示。

图2-24 单击"删除"按钮

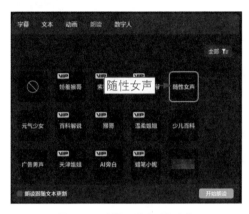

图2-25 选择一种合适的音色

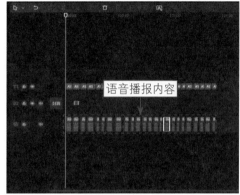

图2-26 生成语音播报内容

步骤10 选择所有文本素材，单击"删除"按钮 🗑，如图2-27所示，将其删除。

步骤11 单击"导出"按钮，弹出"导出"对话框，取消选中"视频导出"复选框，并选中"音频导出"复选框，如图2-28所示，单击"导出"按钮，即可导出AI配音的音频文件。

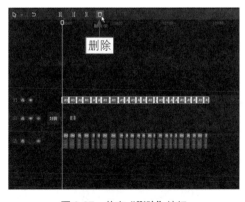

图2-27 单击"删除"按钮

图2-28 选中"音频导出"复选框

AI声音合成技术能够根据创作者的需求，定制个性化的语音风格，无论是温和的叙述还是激情的演讲，都能够精确模拟。AI声音合成技术的应用，使得语音内容的创作变得更加灵活和高效。

尽管AI声音合成技术取得了显著进展，但仍然面临一些挑战，如语音的情感表达和复杂语境的理解。未来，随着技术的不断进步，AI声音合成将更加自然和富有表现力，有望在更多领域得到应用。

2.2.4 应用4：图像处理

扫码看视频

在新媒体平台上，视觉内容对吸引和保持用户的注意力至关重要，图像处理技术成为提升内容吸引力的关键。AI技术的应用使得图像处理工作更加高效和智能化。AI技术的发展极大地推动了图像处理技术的创新，为创作者提供了强大的工具，以更快、更智能的方式完成图像编辑和增强。

AI图像处理工具能够自动化执行多种图像编辑任务，如自动剪裁图片以适应不同的社交媒体格式、去除图片中的水印或不需要的元素、降噪以提高图像清晰度，以及应用各种图像美化效果。此外，AI还能够进行智能补光和色彩校正，进一步提升图像的视觉质量。

除了基本的图像编辑功能，AI技术还可以实现基于内容的图像分类和推荐，以及通过光学字符识别（Optical Character Recognition，OCR）技术从图像中提取文本信息，从而增强图像的可搜索性。

例如，Adobe Photoshop是一款应用广泛的图像处理软件，它集成了Adobe Sensei AI技术，提供了智能的图像处理功能。此外，Adobe Photoshop还能够智能地应用滤镜和调整，使得一键美化成为可能。图2-29所示为替换图像天空前后效果对比，使用Adobe Photoshop中的"天空替换"命令，可以将素材图像中的天空自动替换为更迷人的天空，同时保留图像的自然景深，非常适合摄影类新媒体创作者使用。

图 2-29 替换图像天空前后效果对比

下面介绍使用Adobe Photoshop替换图像天空效果的操作方法。

步骤01 选择"文件"|"打开"命令，打开一幅素材图像，选择菜单栏中的"编辑"|"天空替换"命令，如图2-30所示，该命令旨在帮助用户快速而精确地替换图像中的天空部分。

步骤02 执行操作后，弹出"天空替换"对话框，单击"单击以选择替换天空"按钮✓，在弹出的下拉列表框中选择相应的天空图像模板，如图2-31所示，单击"确定"按钮，即可合成新的天空图像。

图 2-30 选择"天空替换"命令

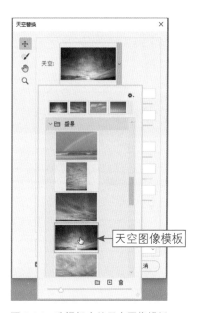

图 2-31 选择相应的天空图像模板

总之，AI图像处理技术的发展，为新媒体创作者提供了强大的技术支持，使他们能够更加专注于创意表达。

2.2.5 应用5：数据分析

扫码看视频

在新媒体营销领域，数据分析扮演着至关重要的角色。AI技术的应用使得数据分析更加精准和高效，为新媒体创作者和营销人员提供了深刻的用户洞察。

在新媒体营销的复杂环境中，深入理解用户的兴趣、喜好和习惯是制定有效营销策略的关键。AI技术的应用为数据分析带来了革命性的变革，使得新媒体创作者或运营者能够更准确地把握用户需求，从而提升营销活动的针对性和效果。

AI技术通过自然语言处理、语义分析、情感分析、热点分析和互动分析等手段，能够从大量用户生成的内容中提取有价值的信息。这些分析结果可以帮助新媒体创作者了解用户的真实感受和偏好，优化内容创作和营销策略。

例如，Tableau是一款强大的数据可视化工具，它结合了AI技术，使用户能够通过直观的图表和仪表板快速理解复杂的数据集，相关示例如图2-32所示。Tableau的AI驱动分析功能可以帮助新媒体创作者识别数据趋势，预测用户行为，使得数据分析更加精准，营销策略更加有效。

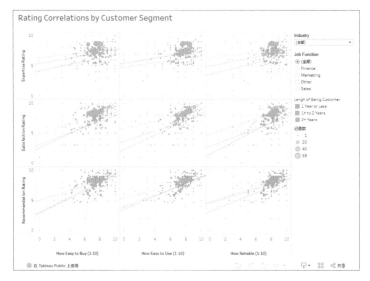

图 2-32　Tableau 仪表板示例

Tableau通过其直观的界面和强大的数据处理能力，使得非技术人员也能轻松实现复杂数据的可视化，从而在新媒体内容创作和营销策略中发挥重要作用。

AI在新媒体数据分析中扮演着至关重要的角色，它通过高效的数据处理能力和深度学习算法，为新媒体内容创作和营销策略提供了深刻的洞察力。下面是AI在新媒体数据分析中的主要作用。

❶ 用户行为分析：AI可以分析用户的浏览习惯、点击率和互动行为，帮助新媒体创作者了解用户偏好。

❷ 内容优化：通过AI分析，创作者可以优化内容结构，提升文章、视频等媒体内容的吸引力和参与度。

❸ 趋势预测：AI技术能够预测内容流行趋势，指导创作者把握当下的热点。

❹ 个性化推荐：AI算法可以推荐个性化内容，提高用户满意度和留存率。

❺ 效果评估：AI工具可以评估营销活动的效果，提供数据支持，帮助新媒体从业者做出更明智的决策。

第 3 章　10 个思路，掌握 AI 副业盈利思维

掌握AI副业的盈利思维，意味着你可以利用这些先进的技术来优化你的业务流程、提高工作效率、创造新的收入来源。本章将探讨AI副业的盈利思维，帮助你解锁AI的商业潜力，将AI技术转化为实实在在的经济价值。

3.1 5种方法，用AI轻松实现副业创收

在当今的数字化时代，AI技术正以其独特的方式改变着人们的工作和生活。对于有志于通过副业实现盈利的个人，AI提供了前所未有的机遇。AI技术的快速发展为个人提供了多样化的创收途径，从自动化内容创作到智能数据分析，从个性化推荐系统到虚拟助手服务，AI的应用场景日益丰富。

本节将介绍5种利用AI技术实现副业创收的方法，无论是想寻找新的收入来源，还是希望提升现有业务的效率，AI都提供了无限的可能。下面一起探索如何让AI成为副业创收的得力助手。

3.1.1 第1种方法：实现自动化运营

扫码看视频

AI技术的快速发展为企业自动化提供了无限可能，从数据分类到预测分析，AI正成为企业运营不可或缺的一部分。

在当今的商业环境中，AI技术已成为推动企业自动化的关键力量。利用机器学习算法，企业能够对大量数据进行分类、预测和推荐，从而提高效率、降低成本并提高决策的准确性。

AI可以自动分析数据，识别模式，并将其分类，这对处理客户信息、市场数据和运营日志等尤为关键。通过这种方式，企业能够快速识别重要信息，做出更明智的业务决策。

AI的另一个重要应用是预测分析，机器学习模型能够基于历史数据预测未来的趋势，这在金融、销售和库存管理等领域尤为重要。准确的预测能够帮助企业规避风险，抓住市场机会。在电子商务和新媒体内容分发平台，AI的推荐系统还可以通过分析用户行为，提供个性化的推荐，增强用户体验，提高转化率。

例如，UiPath是一款领先的机器人流程自动化（Robotic process automation，RPA）工具，它通过模拟人类用户执行任务，帮助企业自动化各种重复性的工作，如图3-1所示。UiPath结合了AI技术，使得自动化流程更加智能和灵活。企业可以使用UiPath来自动化完成人力资源、财务会计、客户服务等部门的任务，从而释放员工的潜力，专注于更有创造性和战略性的工作。

为企业或客户提供AI技术服务是一个充满机遇的领域，无论是作为独立顾问还是作为技术服务公司，都可以通过帮助企业实现AI驱动的自动化来获得收入。

随着AI技术的不断进步，AI技术服务的需求将持续增长。通过AI技术，企业可以实现流程自动化，提升运营效率，而提供这些服务的个人和公司则可以在

这一过程中获得可观的收益。

图 3-1　UiPath 工具

3.1.2　第2种方法：开发AI应用程序

扫码看视频

在数字化转型的浪潮中，AI应用程序的开发已成为创新和盈利的热点。开发者可以利用AI技术解决实际问题，满足市场和客户的特定需求，从而开辟收入来源。通过开发AI应用程序，开发者可以将自己的技术专长转化为商业价值，同时为用户带来便利和创新体验。

例如，TensorFlow是谷歌开发的开源机器学习框架，它提供了广泛的工具和库，支持开发者构建和训练自己的AI模型，相关示例如图3-2所示。TensorFlow的灵活性和强大功能使其成为开发AI应用程序的理想选择，无论是语音识别、图像处理，还是复杂的数据分析，都能轻松完成任务。

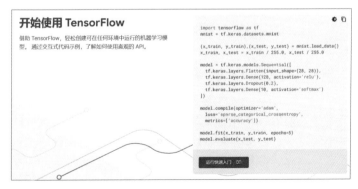

图 3-2　TensorFlow 的相关示例

随着AI技术的进步和企业对自动化需求的增加，AI应用程序的市场需求量巨大。开发者可以通过销售或订阅模式向客户收费，如果应用程序具有独特的功能和较高的用户满意度，盈利潜力将非常可观。

3.1.3 第3种方法：提供AI咨询服务

扫码看视频

在AI技术日益渗透各个行业的今天，企业对有效利用AI以提升业务效能、优化运营流程的需求日益增长，因此提供专业的AI咨询服务已成为一种高价值的商业活动。

在企业AI项目的实施过程中，可能会遇到各种技术挑战。AI咨询服务可以提供专业的技术支持，帮助企业解决数据科学、机器学习模型开发、系统集成等问题。AI咨询师可以根据企业的具体需求和行业特点，提供定制化的AI战略规划服务，这包括帮助企业识别AI技术应用的机会、设计实施路线图及选择合适的技术栈。

另外，评估AI项目的风险和价值，对确保投资回报来说至关重要。AI咨询服务可以帮助企业进行成本效益分析、风险预测和市场趋势研究，确保AI项目与企业的长期目标一致。

例如，IBM Watson是一个强大的AI平台，提供了一系列工具和服务，可以帮助AI咨询师为客户提供端到端的解决方案。IBM Watson的自然语言处理和机器学习服务支持构建智能聊天机器人、分析客户情感、自动化业务流程等。

凭借深入的AI领域的知识和丰富的行业经验，AI咨询师可以为客户提供宝贵的战略指导和技术支持，推动企业的智能化转型。

3.1.4 第4种方法：参与AI竞赛

扫码看视频

参与AI竞赛和项目是展示技术实力、积累实战经验并建立个人品牌的绝佳途径。AI领域的竞赛和项目，不仅为技术爱好者提供了展示才华的舞台，而且为参赛者带来了赢得奖金、荣誉和职业的机会。通过参与这些活动，人们可以向潜在客户证明自己的专业能力，并逐步构建起自己的技术声誉。

AI竞赛通常涉及前沿技术和复杂问题的解决，参与其中可以锻炼个人的技术能力，并通过实践提升项目管理和团队协作经验。许多AI竞赛提供丰厚的奖金，除了经济上的激励，获奖还能为个人的简历增添亮点，提高在业界的知名度。通过在竞赛中取得优异成绩，个人可以在专业社群中建立起自己的品牌，吸引更多的客户和机会。

　　例如，百度推出的文心一格是一个AI绘画平台，该平台经常会举办各种AI绘画大赛活动，为个人提供了一个展示创意和AI技术结合的舞台，如图3-3所示。

图 3-3　文心一格平台上的 AI 绘画大赛活动

　　下面介绍参与文心一格AI绘画大赛活动的操作方法。

　　步骤01 进入文心一格的"热门活动"页面，选择相应的活动，如图3-4所示。

图 3-4　选择相应的活动

☆ 专家提醒 ☆

文心一格支持竖图（分辨率为720×1280）、方图（分辨率为1024×1024）和横图（分辨率为1280×720）3种比例。

步骤02 执行操作后，弹出"活动说明"对话框，在此可以查看活动信息，单击"知道啦"按钮，如图3-5所示。

图3-5 单击"知道啦"按钮

步骤03 执行操作后，即可进入该活动的"AI创作"页面，系统会自动填入相应的提示词，并选择合适的AI模型，单击"立即生成"按钮，即可生成相应的AI画作，如图3-6所示。

图3-6 生成相应的AI画作

步骤 04 生成相应的AI画作后，可以单击"活动介绍"超链接，在弹出的"活动说明"对话框中，查看活动的详细参与方式和奖励，如图3-7所示，根据页面提示进行操作即可。

图 3-7　查看活动的详细参与方式和奖励

通过参与这些AI竞赛活动和项目，个人不仅有机会获得额外收入，还能在AI领域建立起自己的专业形象。

3.1.5　第5种方法：教授AI课程

扫码看视频

随着AI技术的普及，大众对AI知识和技能的需求日益增长。通过教授AI课程和提供相应的AI培训服务，不仅可以帮助他人提升AI技能，还可以在这个过程中获得收入。

人们可以利用在线教育平台，开设AI相关课程，涵盖从基础知识到高级技能的各个层次，为那些无法参加现场课程的学习者提供便利。

另外，也可以在本地社区组织AI课程和工作坊，可为学习者提供互动性更高且更具个性化的学习体验，这种方法也有助于人们建立本地网络和社区支持。

如果对教学充满热情，并且具备良好的沟通技巧，教授AI课程可以成为你副业的重要组成部分。通过传授知识，不仅能够影响他人，还能够在教学过程中进一步提升自己的理解和技能。

例如，千聊是一个手机在线学习平台，提供了包括AI在内的各种课程。通过千聊平台，人们可以创建并销售自己的AI课程，充分利用该平台的广泛受众和教育资源。千聊提供的课程制作和发布工具，使得创建高质量在线课程变得更加容易。图3-8所示为千聊平台上的付费AI摄影课程。

通过教授AI课程和培训，人们不仅能够分享自己的知识，还能够在教育领域实现盈利，同时促进AI技术的发展和普及。

图 3-8　千聊平台上的付费 AI 摄影课程

3.2　5个思路，在AI时代提升副业收入

在人工智能的浪潮中，新媒体内容创业正迎来前所未有的机遇。AI技术的突飞猛进不仅改变了内容创作方式，也为副业收入的增长开辟了新路径。

传统的内容创作模式已经逐渐无法满足市场对创新和效率的渴望。在这一背景下，本节将探讨5个创新的AI副业赚钱思路，旨在帮助大家把握AI时代的脉搏，发掘新的盈利机会，从而在副业的征途上取得成功。

3.2.1　思路1：AI创作平台赚钱

扫码看视频

AI技术正在彻底改变内容创作面貌，不再仅限于基础的文本生成，其应用范围已经扩展到了影视剧、音乐、艺术等多个领域。这为创作者提供了新的盈利途径，即通过AI创作平台制作并销售作品来获得版权收益。

创作者可以利用AI音乐创作平台，如Amper Music或Jukin Media等，制作原创音乐作品。这些平台通过AI算法生成旋律、节奏和和声，创作者可以根据自己的需求调整和定制音乐风格。

　　完成作品后，创作者可以通过音乐平台发布，并从中获得版权收益。例如，Amper Music作为一个AI创意音乐工具，为非专业音乐人士提供了一个简单易用的解决方案，使得人人都能够为自己的视频、播客或互动内容制作原创音乐，如图3-9所示。

图 3-9　Amper Music

　　另外，AI艺术创作平台如Artbreeder可以生成独特的视觉艺术作品，这些作品可以用于非同质化代币（Non-Fungible Token，NFT）市场，为创作者带来新的收入来源。Artbreeder是一个在线人工智能艺术生成平台，它利用先进的AI技术来创造和编辑图像，生成独特的艺术作品，如图3-10所示。创作者可以通过混合不同的图像和文本，创造出独一无二的角色、艺术品等。

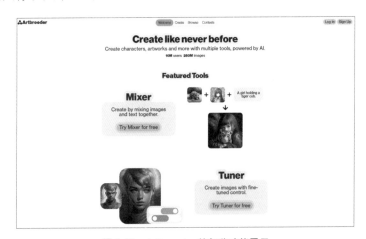

图 3-10　Artbreeder 的部分功能展示

通过AI创作平台，创作者可以较低的成本创作出高质量的作品，并在数字内容市场中获得一席之地。

3.2.2　思路2：AI内容分发赚钱

扫码看视频

AI技术的进步极大地推动了智能推荐算法的发展，这些算法能够根据用户的兴趣、偏好和行为习惯来推荐个性化的内容，这不仅提升了用户满意度，而且为平台带来了可观的商业价值。同时，这也为人们提供了新的商业机会，即通过创建AI内容分发平台来实现盈利。

人们可以利用AI技术分析用户数据，包括浏览历史、搜索记录和互动行为，从而精准地推送用户感兴趣的内容，这种个性化推荐机制大幅提高了内容的点击率和用户黏性。AI内容分发平台可以吸引广告主，利用平台的流量和用户数据来吸引广告投放，从而获得广告收入。此外，AI内容分发平台还可以提供增值服务，如付费订阅、定制化内容推送等，为用户提供更多的价值。

例如，百度的NLP接口是AI内容分发领域的一项关键技术。通过接入百度的NLP接口，平台能够更准确地理解用户需求和内容特性，实现更精准的内容推荐。

尽管AI内容分发平台拥有巨大的商业潜力，但在实施过程中也面临一些挑战，如算法的准确性、用户隐私保护、内容的质量控制等。然而，随着技术的进步和市场的发展，AI内容分发平台将为副业盈利提供更多的机遇。

3.2.3　思路3：AI内容编辑赚钱

扫码看视频

AI技术的不断进步为内容创作和编辑领域带来了革命性的变化，不仅提升了内容生产效率，还极大地提高了内容质量，同时实现了降低成本。通过AI编辑技术，人们可以提供一系列增值服务来实现副业变现，包括但不限于内容优化、语音编辑和自动化校对。

AI编辑工具能够自动检测和纠正文本中的语法错误、拼写错误和标点使用不当等问题，确保内容的专业性和准确性。此外，AI还能够提供文本优化和风格调整等建议，使内容更加贴近目标受众的偏好。

另外，利用AI语音合成技术，人们可以为客户提供专业的配音服务。AI合成的声音几乎与真人无异，可以用于制作视频旁白、有声读物、广告配音等，满足不同场景的需求。

例如，Effidit是一款集成了AI技术的智能写作辅助工具，它通过自然语言处理和机器学习算法，提供实时的写作建议、文本校对和风格优化等服务。无论是日常写作、学术研究，还是专业文档的撰写，Effidit都能显著提升写作效率和文本质量。下面介绍使用Effidit编辑内容的操作方法。

步骤01 进入Effidit官网，单击"在线体验"按钮，如图3-11所示。

图3-11　单击"在线体验"按钮

步骤02 执行操作后，进入Effidit的工具页面，在左侧的文本框中输入相应的文本内容，默认使用的是"智能纠错"模式，系统会自动检测文本中的错别字及拼写错误，并给出修改建议，有效地处理替换、插入和删除等类型的错误，如图3-12所示。

图3-12　"智能纠错"模式

步骤03 切换至"文本补全"模式，用户只需给定句子前缀，系统即可智能生成逻辑通顺且完整的句子，补全结果中包含检索结果（网络素材）及AI生成结果（智能生成），如图3-13所示。

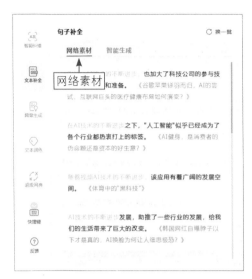
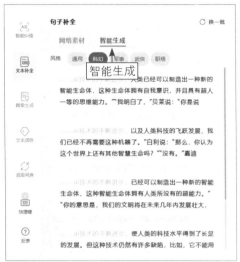

图3-13　"文本补全"的两种模式

步骤04 切换至"篇章生成"模式，输入相应的提示词，如图3-14所示。

步骤05 单击 ✦ 按钮，AI即可生成相应的文章内容，如图3-15所示。

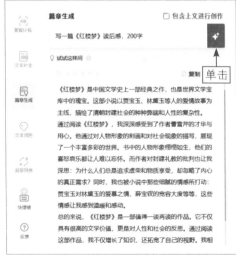

图3-14　输入相应的提示词　　　　　图3-15　生成相应的文章内容

步骤06 切换至"文本润色"模式，输入相应的文本内容，单击"开始改写"按钮，如图3-16所示。

步骤 **07** 执行操作后，AI能够在保留文本语义的同时，智能改写文本内容，以另外一种形式重新表达原句语义，增强文本的多样性，如图3-17所示。

图 3-16　单击"开始改写"按钮

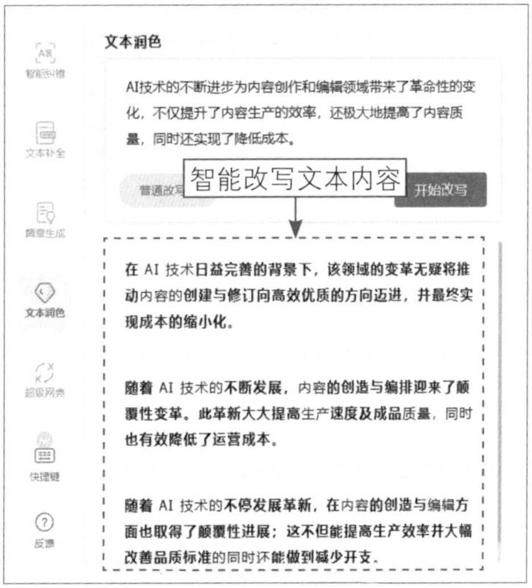

图 3-17　智能改写文本内容

步骤 **08** 输入相应的短句后，在"文本润色"下方的下拉列表中选择"普通扩写"选项，如图3-18所示。

步骤 **09** 执行操作后，AI在保留句子语义的同时，对句子核心词汇进行修饰并扩写，生成表达更丰富的长句，如图3-19所示。

图 3-18　选择"普通扩写"选项

图 3-19　生成表达更丰富的长句

步骤 10 在"文本润色"模式下，还可以实现"现代文→古文"或"古文→现代文"的转换，相关示例如图3-20所示。

图 3-20　"现代文→古文"和"古文→现代文"的转换示例

步骤 11 切换至"超级网典"模式，输入相应的关键词，切换至"句推荐"选项卡，单击"推荐"按钮，如图3-21所示。

步骤 12 执行操作后，AI会检索现有文章中的例子作为例句，同时将关键词按顺序智能补全为完整的句子，如图3-22所示。

图 3-21　单击"推荐"按钮

图 3-22　智能补全为完整的句子

总之，AI编辑技术可以大幅度减少人工编辑的时间，降低内容生产的人力成本。人们可以利用这一优势，提供快速、高质量的内容编辑服务，并收取相应的费用。随着AI技术的持续发展，未来的AI编辑工具将更加智能化和个性化，它将能够更好地理解用户的意图和风格，提供更加精准的编辑建议。这为人们提供了更多的商业机会，推动内容创作行业的创新和发展。

3.2.4　思路4：AI内容定制赚钱

扫码看视频

随着大众对个性化内容的需求日益增长，AI能够提供更加个性化和精准的内容定制服务。通过AI，人们可以分析用户数据，理解其偏好，据此生成并出售独一无二的内容产品，从而实现副业变现。

AI技术使得内容定制不再局限于传统的模板和格式，而是可以根据每个用户的独特需求进行个性化创作。这不仅提升了用户体验，而且为人们的副业开辟了新的收入来源。AI可以提供从个性化视频制作到定制文章、专属音乐创作等一系列服务，同时其数据分析能力能够确保内容与用户的个人品位和兴趣紧密相连。

例如，Dreamina是一个由AI驱动的艺术创作平台，它允许用户通过AI算法混合不同的图像，创造出新颖的视觉艺术作品。用户利用Dreamina平台的智能化工具可以生成独特的图像和设计，满足自己对个性化艺术作品的需求。下面介绍使用Dreamina实现AI内容定制的操作方法。

步骤01 进入Dreamina官网首页，单击"图片生成"卡片中的"文生图"按钮，如图3-23所示。

图3-23　单击"文生图"按钮

步骤 **02** 执行操作后，进入"图片生成"页面，单击"导入参考图"按钮，如图3-24所示。

步骤 **03** 执行操作后，弹出"打开"对话框，选择相应的参考图，如图3-25所示。

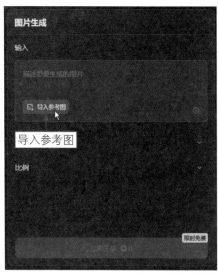

图3-24 单击"导入参考图"按钮　　　　　图3-25 选择相应的参考图

步骤 **04** 单击"打开"按钮，弹出"参考图"对话框，单击"比例1∶1"按钮，如图3-26所示。

步骤 **05** 执行操作后，弹出"图片比例"对话框，选择2∶3选项，将画布调整为相应尺寸的竖图，如图3-27所示。

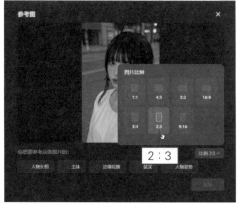

图3-26 单击"比例1∶1"按钮　　　　　图3-27 选择2∶3选项

步骤 06 在下方选中"人物长相"单选按钮，系统会自动检测人物脸部，如图3-28所示。

步骤 07 单击"保存"按钮，返回"图片生成"页面，输入相应的提示词，用于改变图像的画风，如图3-29所示。

图 3-28 选中"人物长相"单选按钮 　　　　图 3-29 输入相应的提示词

步骤 08 展开"模型"选项区，在"生图模型"下拉列表中选择一个动漫风格的模型，如图3-30所示。

步骤 09 展开"比例"选项区，选择2∶3选项，改变AI生成的图像比例，如图3-31所示。

图 3-30 选择一个动漫风格的模型 　　　　图 3-31 选择 2 ∶ 3 选项

步骤**10** 单击"立即生成"按钮，即可基于参考图中的人物长相，生成4张动漫风格的人物图片，效果如图3-32所示。

步骤**11** 单击"再次生成"按钮，即可重新生成4张图片，效果如图3-33所示。

图3-32　生成动漫风格的人物图片

图3-33　重新生成4张图片

步骤**12** 选择相应的效果图，单击"细节重绘"按钮，如图3-34所示。

步骤**13** 执行操作后，即可根据所选图像重新生成一张细节更丰富的效果图，单击"超清图"按钮，如图3-35所示，即可将图像的分辨率放大为原图的两倍，使图像更加清晰。

图3-34　单击"细节重绘"按钮

图3-35　单击"超清图"按钮

步骤14 单击"局部重绘"按钮 ，弹出"局部重绘"对话框，运用画笔工具 涂抹图像局部，如图3-36所示，创建一个蒙版区域。

步骤15 输入相应的提示词，描述想要重新绘制的内容，单击"立即生成"按钮，如图3-37所示。

图 3-36 涂抹图像局部　　　　　　　　图 3-37 单击"立即生成"按钮

步骤16 执行操作后，即可在蒙版区域重新绘制图像内容，并生成4张图片，效果如图3-38所示。

步骤17 单击相应的图片，即可查看大图效果，如图3-39所示。

图 3-38 局部重绘效果　　　　　　　　图 3-39 查看大图效果

从Dreamina的案例可以看出，AI可以根据用户的特定需求定制图像内容，生成独一无二的图像效果。同时，相比于传统的人工定制，AI内容定制可以减少人力成本，提供更具竞争力的价格。

总之，AI技术能够为人们提供更加个性化和有意义的内容体验，同时开辟新的商业机会，满足市场的多元化需求。

3.2.5 思路5：AI技术服务赚钱

AI技术服务也可以作为副业赚钱的途径，人们可以根据自己的技能和市场需求选择合适的平台和方法。例如，利用AI技术进行剧本创作，可以为需求简单、成本敏感的商单提供服务，也可以在小红书、拼多多、淘宝等平台上寻找合作机会。

再例如，在商业化平台上出售专门为AI设计的提示词（Prompts），如PromptBase是一个专门为DALL·E、Midjourney、Stable Diffusion和ChatGPT等人工智能模型提供优质Prompts的在线市场，如图3-40所示。人们可以在PromptBase上购买或出售Prompt，平台会提供官方验证以提高交易的可靠性。

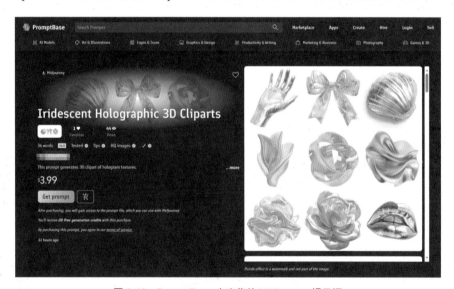

图 3-40　PromptBase 上出售的 Midjourney 提示词

随着AI技术的快速发展，各行各业对AI技术服务的需求日益增长。企业需要利用AI技术服务来提升效率、降低成本、提高产品竞争力，个人也可能需要利用AI技术服务来进行数据分析、自动化处理等。

如果个人拥有专业的AI技术知识和实践经验，那么可以为市场提供定制化的解决方案。根据自身的专业水平和提供的服务的复杂度，可以设定相应的服务价格，从而增加副业收益。

第 4 章 6 个技巧，用 AI 文案做副业赚钱

将 AI 文案写作作为副业，已经成为许多人实现财务自由的途径之一。利用 AI 的强大能力，人们可以更高效地创作出吸引人的文案，无论是用于营销、社交媒体推广还是新媒体内容创作，都能带来可观的收益。

4.1 用AI做高质量的自媒体内容变现

扫码看视频

自媒体（We Media）是一种全新的信息传播方式，它允许普通大众通过新媒体网络平台分享和传播个人的事实和新闻。依托于先进的数字科技和全球知识体系，自媒体成了人们发布信息和新闻的一种途径，它具有个性化、大众化、普及化和自主化的特征，利用现代化的电子手段向广大不特定的受众或特定的个人传递信息，无论是遵循规范的资讯还是个性化的表达。

自媒体的诞生不仅为网络用户带来了丰富多彩的业余生活，也为内容创作者提供了一个广阔的自我展示平台，已成为数字时代个人和企业重要的收入来源之一。AI写作工具的出现，为自媒体人提供了快速生成高质量文章的新途径，这不仅极大地提升了创作效率，同时也保证了内容的吸引力和专业性。

AI写作工具通过模仿人类的写作风格和逻辑，能够在短时间内生成内容丰富、语言流畅的文章，这使得自媒体人可以将更多的时间用于内容策划和营销推广，而不是烦琐的写作过程。

通过注册头条号、公众号、百家号、大鱼号、企鹅号等多个自媒体账号，自媒体人可以利用AI工具批量生成文章，实现内容的多平台分发，从而增加流量和收益。图4-1所示为今日头条平台上的自媒体文章，文中的配图就是由AI工具生成的。

图4-1 今日头条平台上的自媒体文章示例

自媒体人可以通过广告分成、付费阅读、内容打赏等多种方式获得收入，相关受益截图如图4-2所示。AI作为辅助的写作工具，使得自媒体人能够在保证内容质量的同时，快速增加文章产量，提高收益。

整体收益	创作收益		
日期	总计	流转金额	创作收益 ⑦
2023-11-22	5466.40	5466.40 >	5466.40 >
2023-11-21	3138.08	3138.08 >	3138.08 >
2023-11-20	437.04	437.04 >	437.04 >

图 4-2 自媒体（头条号）的收益截图

例如，文心一言是一款强大的AI写作助手，它能够理解创作者的指令并生成具有吸引力的文章。文心一言的界面友好，操作简单，适合各种水平的自媒体创作者使用。文心一言不仅能提供文章构思，还能帮助优化SEO，提高文章在搜索引擎中的排名。下面介绍使用文心一言创作自媒体图文内容的操作方法。

步骤01 进入文心一言的"对话"页面，输入相应的提示词，如图4-3所示。用户通过提供清晰的提示词，可以确保文心一言生成满足自己需求的高质量内容，减少错误和偏差。

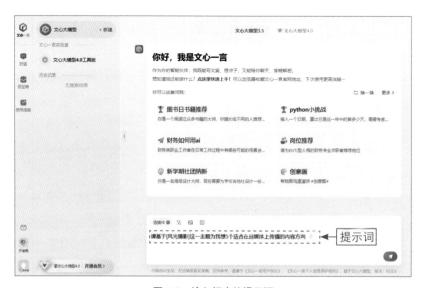

图 4-3 输入相应的提示词

步骤02 单击 ✈ 按钮，即可生成如下内容，AI可以帮助人们确定与风光摄影相关的主题和内容方向，以吸引对该领域感兴趣的用户。

基于"风光摄影"这一主题，以下是5个适合在自媒体上传播的内容方向。

1.风光摄影技巧与教程

• 内容方向：分享风光摄影的基本技巧，如构图、光线运用和曝光控制等。

• 形式建议：可以制作图文教程，或者录制短视频教程，直观地展示拍摄过程和技巧。

2.风光摄影作品赏析

• 内容方向：展示国内外知名风光摄影作品，分析作品的构图、光影运用和色彩搭配等。

• 形式建议：发布摄影作品图片，配以文字解说，或者邀请摄影师进行访谈，分享创作心得。

3.风光摄影地点推荐

• 内容方向：介绍适合风光摄影的地点，包括自然景观和城市风光等，分享拍摄攻略和最佳拍摄时间。

• 形式建议：制作地点推荐清单，配以实地拍摄的照片和视频，增强吸引力。

4.风光摄影器材推荐与评测

• 内容方向：介绍适合风光摄影的相机、镜头和三脚架等器材，分享使用心得和评测结果。

• 形式建议：发布器材使用教程和评测视频，帮助观众了解器材性能和适用场景。

5.风光摄影主题挑战与活动

• 内容方向：发起以风光摄影为主题的挑战或活动，邀请粉丝参与并分享自己的作品，提高互动性和粉丝参与度。

• 形式建议：制定明确的挑战规则和奖励机制，通过投票评选出优秀作品进行展示和推广。

这5个内容方向既可以单独开展，也可以相互结合，形成系列内容，以提高自媒体账号的活跃度和粉丝黏性。同时，注意保持内容的原创性和专业性，以吸引更多对风光摄影感兴趣的受众。

步骤 03 输入相应的提示词，如图4-4所示，在提示词中假设一个角色身份并提出问题，这样可以为文心一言提供更明确的情境。

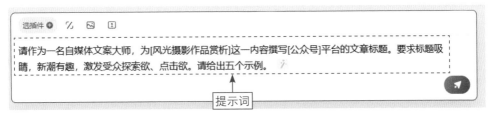

图4-4 输入相应的提示词

步骤 04 单击 ➤ 按钮，即可生成如下内容，AI会作为自媒体文案大师，为特定的内容主题"风光摄影作品赏析"撰写适合在微信公众号平台上发布的文章标题。

以下是为"风光摄影作品赏析"这一内容撰写的5个公众号文章标题示例，力求吸睛、新潮、有趣，激发受众的探索欲和点击欲。

1. 📱绝美风光大赏：镜头下的天堂，你错过了吗？
2. 📷揭秘风光摄影背后的魔法：每一帧都是画！
3. 📱风光大片来袭：这些摄影作品让你秒变旅行达人！
4. 📱震撼心灵的风光摄影，看完只想说走就走！
5. 🌐探索风光摄影的极致之美：每一眼都令人惊艳！

这些标题结合了表情符号、网络热词和直接明了的描述，旨在吸引观者的注意力，同时激发他们对风光摄影作品的兴趣和好奇心。

步骤 05 输入相应的提示词，如图4-5所示，在提示词中明确了文章的标题、字数、写作风格等要求。

图4-5 输入相应的提示词

步骤 06 单击 ➤ 按钮，即可生成如下内容，AI会围绕所提供的标题来构思文章的引言内容。

　　风光大片来袭：这些摄影作品让你秒变旅行达人！

　　在这个快节奏的时代，我们常常被烦琐的工作和生活所绊，难以抽出时间去感受大自然的壮美与宁静。然而，今天我要为大家带来一场视觉的盛宴，通过这些绝美的风光摄影作品，让你仿佛置身于世界各地的壮丽风景之中，瞬间成为旅行达人！

　　这些风光大片，每一张都凝聚了摄影师的心血与智慧。他们跋山涉水，不畏艰辛，只为捕捉那一刹那的绝美。他们用镜头诉说着大自然的神奇与魅力，让我们在繁忙的生活中找到一丝宁静与慰藉。

　　在这里，你将看到崇山峻岭的巍峨壮丽，感受到大海的浩渺无垠；你将欣赏到绚丽多彩的日出日落，领略到星空银河的璀璨夺目。这些风光摄影作品将带你穿越时空，游历世界各地，让你在欣赏美景的同时，也能感受到不同地域的文化与风情。

　　更重要的是，这些摄影作品不仅能满足你的视觉享受，更能激发你内心的旅行欲望。它们让你意识到，生活不只有眼前的苟且，还有诗和远方。它们提醒你，要去追寻那些未曾见过的风景，去体验那些未曾感受过的文化，去丰富自己的人生阅历。

　　所以，让我们一起沉浸在这场风光大片的盛宴中吧！让这些摄影作品带你领略大自然的鬼斧神工，感受世界各地的风情万种。相信我，当你看完这些作品后，一定会迫不及待地想要背起行囊，踏上属于自己的旅行之路！

　　步骤 07 输入相应的提示词，如图4-6所示，这段提示词是具体的图像需求说明，它要求提供一张与特定内容相关的摄影图片。

图4-6　输入相应的提示词

　　步骤 08 单击 按钮，即可生成相应的风景图片，效果如图4-7所示。

　　步骤 09 再次发送上述提示词，AI会生成不一样的图片，效果如图4-8所示。注意，即使是完全相同的模型和提示词，AI每次生成的内容也不一样。

图4-7 生成相应的风景图片　　　　　图4-8 生成不一样的图片效果

除了主流的自媒体平台，微信公众号和今日头条的微头条也是自媒体人不可忽视的收入来源。微头条对粉丝数量有一定要求，但一旦达到，其收益潜力巨大。微信公众号的门槛较高，同时对内容的排版布局和文字质量也有较高的要求，适合专业自媒体人深耕。通过AI写作工具，自媒体人可以在保持内容原创性的同时，实现更高效的内容生产和副业变现。

4.2 用AI做小红书图文号变现

扫码看视频

小红书图文号变现指的是通过小红书这个平台，利用图文内容吸引流量，然后通过多种方式实现经济收益的过程。小红书图文号的主要变现方式如下。

❶ 开小红书店铺：个人或商家可以通过认证专业号后开设小红书店铺，销售产品或服务。

❷ 广告合作：小红书博主可以通过发布与品牌合作的软广告笔记来获得报酬，包括图文种草、视频种草和文案直发等形式。

❸ 与蒲公英平台合作：这是小红书官方提供的合作平台，博主可以入驻成为品牌合作人，与品牌进行正规合作，该平台的基本功能如图4-9所示。

❹ 知识付费：主要针对知识类博主，可以通过开设专栏、售卖课程或资料来实现变现。

❺ 直播带货：博主可以通过直播带货的方式，销售商品并赚取佣金。

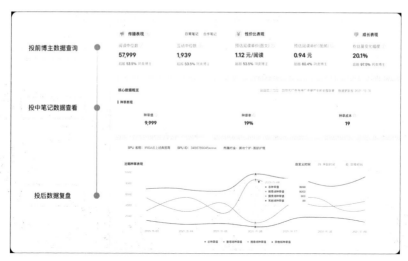

图 4-9　蒲公英平台的基本功能

❻ 好物体验：博主可以通过参与好物体验计划，写试用笔记来获得免费商品或稿费。

❼ 带货变现：通过小红书图文号成功引流后，可以使用直播带货或小清单带货功能，销售他人产品赚取佣金。

❽ 账号交易：拥有一定粉丝基础的小红书账号可以进行买卖，这也是一种可行的变现方式。

❾ 引流到私域：通过小红书内容吸引粉丝后，引流到微信等私域空间进行进一步的商业活动。

❿ 引流到电商平台：通过小红书内容吸引用户后，引导他们到电商平台进行购物，博主从中获得分成或佣金。

小红书已经从一个单纯的购物分享社区，转变为一个内容多样化的平台，覆盖了广泛的主题和领域。在小红书平台上，无须撰写冗长的文章，只需将生活中的点滴经验整理成简洁的笔记，辅以适当的图片，即可完成一篇有吸引力的内容，相关示例如图4-10所示。想要让文案和图片在信息流中脱颖而出，AI技术的辅助无疑是一大利器。

例如，iThinkScene是一款专为小红书图文创作设计的AI工具，它能够一键生成高质量的图文内容。利用iThinkScene，人们可以快速提炼小说或故事的精华部分，生成吸引人的标题，并设计出引人注目的封面图片。此外，iThinkScene还支持批量创作，大大提高了内容生产的效率。图4-11所示为iThinkScene中的"小红书图文"AI创作功能。

图 4-10 小红书平台上的图文内容示例

图 4-11 iThinkScene 中的"小红书图文"AI 创作功能

在创作图文笔记时，从确定目标用户到引起用户的情感共鸣，AI都能提供个性化的解决方案，相关技巧如下。

❶ 目标用户定位：在撰写文案前，可以向AI明确表达想要吸引的用户群体，了解他们的兴趣点和需求，这将帮助你与他们建立更深的联系。

❷ 关键词优化：用AI精选关键词并巧妙地融入文案，提升在小红书搜索中的可见度，同时避免过度堆砌，保持文案的自然流畅。

❸ 引人注目的标题：一个好标题是吸引用户点击的关键，使用AI生成富有创意和趣味性的标题，可以激发用户的好奇心。

❹ 简洁明了的表达：小红书用户偏好直接且精练的内容，用户可以使用AI优化文案，保持文案的简洁，避免冗长。

❺ 图文结合：用AI创作与文案相匹配的图片，高质量的视觉内容能显著提升文章的吸引力。

❻ 情感共鸣：通过AI改写真实的故事或个人经历，建立与用户的情感联系。

❼ 互动性：鼓励用户参与讨论，提出问题或邀请反馈，增强文案的互动性。

相较于撰写长篇文章，创作笔记无疑是一条更轻松且高效的路径，尤其对那些寻求副业机会的人来说，成为小红书博主就是一个不错的选择。

当粉丝数达到1千至5千时，可以接受软植入广告，广告费用通常在200～2000元不等，具体价格取决于粉丝的互动度和忠诚度。如果粉丝数量超过5千，并且笔记的平均曝光量能够达到万次以上，就有资格加入小红书的官方品牌合作平台，从而获得更稳定的收入来源。

另外，通过AI工具生成的图文内容，可以用于小说推广、商品营销或品牌宣传。小红书的双瀑布流布局要求人们精心设计封面和标题，以吸引用户的注意力。利用AI绘画工具制作的封面图片，结合ChatGPT等AI工具生成的文案，可以大幅提升内容的吸引力和转化率。通过AI技术，人们不仅能够简化创作流程，还能提升内容的质量和吸引力，实现小红书图文号的高效变现。

4.3　用AI做公众号副业项目变现

扫码看视频

公众号（即微信公众平台）作为连接创作者与用户的重要平台，结合AI技术，为副业项目开辟了新的盈利途径。从2023年开始，AI在各个领域的应用变得尤为火热，从文案创作到视频编辑，再到图像设计，AI的潜力无限。

即便不是AI编程专家，也能利用AI工具创作内容，实现变现。即利用AI生成引人入胜的内容，通过公众号吸引流量并获取收益。内容的流量越大，收益越高，这是一个简单却有效的副业变现策略。

下面介绍用AI做公众号副业项目变现的基本流程。

❶ 账号注册：账号类型分为服务号、订阅号、小程序和企业微信（原企业号），如图4-12所示。个人使用身份证可以注册1个公众号，个体户可以注册2个公众号，而企业执照最多可注册50个公众号，这为多账号运营提供了可能。

图4-12　公众号的类型

❷ 领域选择：选择易于吸引流量的领域至关重要，如情感八卦、奇闻轶事、热点新闻等都是容易引爆流量的领域。

❸ 爆款内容获取：在确定领域后，寻找爆款内容成为关键。用户可以借鉴网络上的热门内容，利用AI工具重新创作，生成新的爆款内容。

❹ 操作细节：使用ChatGPT或其他类似的AI工具，如百度文心一言、讯飞星火等，按照以下指令模板发出指令，让AI帮助创作情感爆文。

【指令模板】

背景：作为新闻媒体编辑，需要AI辅助生成一篇情感爆文，以吸引读者、引发共鸣，并提高点击率和阅读量。

角色：扮演一个情感丰富、善于表达的作家，将真实情感转化为文字，打动读者。

任务：撰写一篇旨在引发情感共鸣的爆文，激发读者思考和讨论。

要求：原创，800~1000字，引人入胜的开头、情节发展和引人深思的结尾。

【AI（ChatGPT）生成的文章内容】

题目：《生活，是一场关于勇气的漫长修行》

开头：

当我闭上眼睛，回想起曾经的一幕幕，生活就像是一部扣人心弦的电影，在每一个转折处都展现着勇气和坚韧的力量。或许你也曾在人生的某个节点感到彷徨，迷失在无尽的选择和压力中，但请相信，生活不是一场赛跑，而是一场关于勇气的漫长修行。

情节发展：

记得那个下着蒙蒙细雨的午后，我独自走在熟悉的街头。身边是匆匆而过的行人，他们脸上的表情似乎都带着一丝匆忙和焦虑。这时，一位老人吸引了我的注意。他行动缓慢，但步伐坚定，拄着拐杖，微笑地面对着眼前的每一步。我停下脚步，静静地看着他，心中涌起一股莫名的敬佩和温暖。

老人的眼神中透着岁月的沧桑，但更多的是一种对生活的坚定和感恩。他告诉我，这根拐杖不仅仅是支撑他行走的工具，更是一种勇气的象征。他说，生活从来不会一帆风顺，但我们可以选择如何面对，如何坚强地走过每一个艰难的时刻。

我被老人的话语深深触动。或许我们总是期待生活平坦顺畅，但真正的勇气是在面对困难时不畏惧，坚定地前行。就像那位老人，他用微笑和坚持，演绎着一段关于勇气的动人篇章。

在这个快节奏的社会，我们常常被各种琐事和压力困扰，迷失了内心的方向。但是，当我们停下脚步，仔细观察周围的人和事时，或许会发现，勇气并不是遥不可及的传说，而是生活中的点点滴滴。

我想起了那位朋友，她是一名单身母亲，承担着照顾孩子和工作的双重压力。每天早出晚归，她的脸上总是挂着疲惫，但眼中却闪烁着对孩子的爱和责任。我问她是否觉得辛苦，她笑着说："辛苦是有的，但看到孩子的笑容，一切都变得值得。"

她的话让我感悟到，勇气不仅仅是面对外部的困难，更是内心的力量。生活或许给了我们重重的考验，但只要我们心怀勇气，无论风雨有多大，无论生活有多么艰难，都能勇敢地前行。

结尾：

生活，是一场关于勇气的漫长修行。在这个纷繁复杂的世界，我们时而迷失自我，时而彷徨无助，但正是这些困难和挑战，磨砺着我们的意志，让我们变得更加坚强。

或许你也曾在黑暗中徘徊，但请记住，黎明总会到来。无论遇到怎样的困难和挫折，勇气都是我们最坚强的武器。让我们像那位老人一样，用微笑和坚持面对生活的每一个风起云涌。

　　愿我们在人生的旅途中，始终怀揣着勇气，勇敢地向前，直到看到生活最美好的模样。因为生活就是一场关于勇气的漫长修行，让我们一起坚定地前行，书写属于自己的精彩篇章！

❺ 文章发布：在公众号上发布文章时，注意配图，通常搭配3张图片，以增强文章的吸引力，相关示例如图4-13所示。

图 4-13　公众号的文章示例

❻ 运营策略：用AI做公众号副业项目变现的核心在于多发文、多账号操作，发布的文章越多，内容爆红的机会越多，收益自然水涨船高。图4-14所示为公众号的收益截图示例。

图 4-14　公众号的收益截图示例

4.4 用AI生成高质量的文案获得收益

扫码看视频

众多企业和组织都在寻找能够创作各类文案和营销资料的专业写手，利用AI写作工具，可以显著提升写作效率，迅速产出高品质的文案内容。这不仅能增加稿酬和版税收入，而且对特约作者或自由作家来说，还能积累宝贵的经验和技能，同时拓展个人的社交网络和资源库。

AI写作工具的盈利模式直接而有效，通过接单、与客户沟通需求、利用AI技术撰写、修改并最终交付内容，文案创作者可以为客户提供演讲稿、学术论文、新闻文章、广告等多样化的写作服务。根据项目的复杂性和客户预算，设定合理的价格，并通过电商平台、社交媒体群组、个人品牌等渠道持续吸引订单，具体如下。

❶ 淘宝店：在淘宝搜索写作服务，联系店铺客服询问是否需要写手，根据提供的价格和要求开始接单。图4-15所示为淘宝上出售的写作服务。

图 4-15　淘宝上出售的写作服务

❷ QQ群：加入相关的写作群组，利用群内的写作需求进行接单。

❸ 开店铺：在闲鱼、拼多多、淘宝等平台开设店铺，展示服务案例和价格，通过推广链接和广告吸引潜在的客户。

❹ 个人知识产权（Intellectual Property，IP）：在微信、微博、知乎等社交平台建立个人品牌，通过发布优质内容和互动评论提升曝光度和信任度。

利用AI写作工具，可以为不同类别的写作任务创建模板，如学术文章、演讲稿、新闻报道、产品描述和故事创作。通过调整输入给AI的提示词，可以生成符合特定要求的文案内容。下面介绍AI文案写作的基本流程。

❶ 确认需求：接到订单后，需要与客户沟通确认他的需求，包括写作主题、目的、目标读者、格式、字数和风格等关键要点。

❷ 列出大纲：使用AI工具根据要求生成文章大纲，相关示例如下。

【指令模板】

请为我撰写一份论文大纲，论文的研究问题是"人工智能的应用"。论文采用的是"定量分析"的方法，你需要在大纲中包含"研究问题、相关文献综述、研究方法、数据分析和结果呈现、结论与讨论"这些部分。注意：你需要保证内容逻辑清晰，分条表述，有结构关系。

【AI（文心一言）生成的文章大纲】

一、引言

1. 研究的背景

▪ 人工智能技术的发展概况

▪ 人工智能在各领域的广泛应用

2. 研究的问题阐述

▪ 人工智能应用的定量分析的重要性

▪ 特定领域内人工智能应用效果的探究

3. 研究的目的与意义

▪ 明确定量分析在人工智能应用评估中的作用

▪ 为后续实践提供理论支持和实践指导

二、相关文献综述

……（略）

四、数据分析和结果呈现

……（略）

五、结论与讨论

……（略）

六、参考文献

[此处列出论文撰写过程中引用的所有文献，按照规范的参考文献格式编排]

注：以上大纲提供了一个基本的论文结构框架，具体的内容需要根据实际研究问题和数据进行填充和细化。在撰写论文时，还需注意各部分之间的逻辑关系和结构安排，确保论文的连贯性和完整性。

❸ 分步扩写：根据大纲，逐步使用AI工具扩写每一部分内容，注意控制字数和查重率，相关示例如下。

【指令模板】

假如你是人工智能专家，请你写一篇关于"人工智能技术的发展概况"的文章。

【AI（文心一言）扩写的文章内容】

人工智能技术的发展概况

随着科技的不断进步，人工智能技术已经成为当今科技领域的热门话题。它的发展已经渗透到了各个领域，给人们的生活带来了极大的便利。本文将从人工智能技术的发展历程、现状及未来的发展趋势3个方面来探讨人工智能技术的发展概况。

一、人工智能技术的发展历程

人工智能技术的起源可以追溯到20世纪50年代，当时人们开始尝试通过计算机来模拟人类的智能行为。然而，由于当时的计算机技术和算法水平的限制，人工智能技术并没有取得太大的进展。直到20世纪80年代，随着神经网络和机器学习等技术的出现，人工智能技术才开始取得突破性的进展。

……（略）

二、人工智能技术的现状

……（略）

三、人工智能技术未来的发展趋势

……（略）

综上所述，人工智能技术的发展已经取得了显著的成果，并在各个领域得到了广泛的应用。未来，随着技术的不断进步和应用场景的进一步扩大，人工智能技术将继续发挥重要的作用，推动各行业的创新和发展。同时，我们也需要加强对人工智能技术的监管和规范，确保其健康、有序地发展。

❹ 内容润色：对AI生成的内容进行细致的润色和修改，确保文章的可读性和逻辑性。

❺ 文献综述：对于需要引用文献的部分，可以利用AI工具辅助总结和综述。

❻ 降重处理：利用AI工具对高查重率的句子进行降重处理。

为了提高AI写作工具的应用效率，大家可以创建多种指令模板，以适应不同类型的写作需求。下面是针对不同类别文章的写作指令模板，它们可以直接用于AI写作，或者根据具体的需求进行调整。

❶【营销软文模板】：请撰写一篇营销软文，推广一款新型的有机护肤产品。文章开头介绍护肤品的天然成分和健康益处，吸引目标读者的注意力；主体部分详细描述产品的独特卖点、用户评价和使用效果；结尾部分提供一个吸引人的行动号召，鼓励人们购买产品。

❷【影视剧本模板】：请创作一个短篇影视剧本，讲述一位年轻创业者的奋斗故事。剧本开头设定主角面临的职业挑战；主体部分展现主角如何克服困难、组建团队并推出创新产品；结尾部分呈现产品发布成功，主角获得市场认可的高潮场景。

❸【产品介绍模板】：请为一款智能手表编写产品介绍文案。介绍需包括手表的技术规格、健康监测功能、设计风格和用户界面；强调手表如何提升用户的日常生活质量；提供购买信息和售后服务承诺。

❹【演讲稿模板】：请为一位企业领袖准备一篇演讲稿，主题为"创新与企业成长"。演讲开头分享一个引人入胜的创新故事；主体部分讨论创新对企业竞争力的影响、创新策略和实践案例；结尾部分激励听众拥抱创新思维，共同推动行业进步。

❺【店铺推广模板】：请撰写一篇店铺推广文案，用于宣传本地一家新开业的咖啡馆。文案开头描述咖啡馆的温馨氛围和独特装饰；主体部分介绍咖啡豆的来源、特色饮品和顾客的社交活动；结尾部分提供开业促销信息，吸引顾客前来体验。

通过AI写作工具，文案创作者可以更高效地完成写作任务，提升内容质量，并通过提供专业的写作服务获得稿费和分成，实现副业盈利。

4.5　用AI工具提供文本翻译服务变现

　　AI工具的兴起为文本翻译服务提供了一种高效、经济的解决方案。与传统的翻译工具相比，AI翻译不仅语法更加准确，而且更贴近自然语言的流畅度，满足了市场对高质量翻译服务的需求。

　　例如，百度推出了付费使用的AI大模型翻译功能，不仅提供了一站式翻译服务，还具有双语审校、译文答疑、英文母语润色、英文语法分析等功能，如图4-16所示。

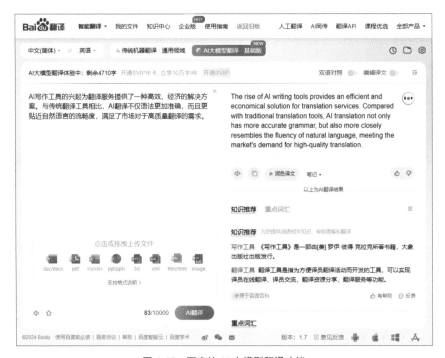

图 4-16　百度的 AI 大模型翻译功能

　　AI翻译服务的盈利模式简单明了：接单、确认客户需求、AI翻译、人工润色、交付、修改直至最终结单。AI翻译服务的应用范围广泛，包括但不限于网站内容、文档翻译及多语种翻译。用户根据项目的复杂度和客户预算，合理定价，利用AI工具生成翻译内容，再进行必要的润色和校对即可。

　　AI翻译的主要优势如下。

　　❶ 成本效益：AI翻译的成本通常低于人工翻译，吸引了那些不愿意支付高昂人工翻译费用但又需要高质量翻译服务的客户。

　　❷ 翻译速度：AI翻译速度快，能够在短时间内完成大量文本的翻译工作，

显著提高工作效率。

❸ 质量保证：AI翻译的质量介于传统翻译工具和人工翻译之间，通过后期的人工润色，可以达到出版级的质量标准。

例如，DeepL Translator是一款高效的AI翻译工具，以其高准确度和自然流畅的翻译结果而闻名。DeepL支持多种语言的翻译，适合个人和企业使用，尤其适合那些需要快速、高质量翻译服务的场合，如图4-17所示。

图 4-17　DeepL Translator AI 翻译工具

通过AI工具，翻译者可以更高效地完成翻译任务，提升翻译质量，同时为自己在翻译行业的长期发展打下坚实的基础。许多企业需要兼职的文稿整理员，特别是那些能够熟练使用AI工具进行内容生成和翻译的人才，这些兼职的机会为有空闲时间的个人提供了额外的收入来源。

4.6　用AI工具进行邮件营销变现

扫码看视频

邮件营销作为一种经典且高效的营销策略，其重要性在数字时代从未减退。借助AI工具，营销人员能够以前所未有的速度和质量，创作出引人入胜的邮件文案，这不仅提升了营销活动的效率，也极大地增强了与客户之间的互动和参与度。AI工具的智能化特性，如自动生成、续写、改写和个性化定制，为邮件营销带来了极大的便利。图4-18所示为邮件营销示例。

图 4-18　邮件营销示例

通过AI工具，营销人员可以快速地生成针对不同客户群体的定制化邮件内容，这些邮件不仅内容丰富、语言生动，而且能够精准地触及收件人的兴趣点，从而提高邮件的打开率和转化率。此外，AI工具还能够根据用户的历史互动数据，自动调整邮件内容，实现更高层次的个性化营销。

为了实现通过邮件营销赚钱的目标，选择合适的AI工具至关重要。例如，营销人员可以使用ChatGPT来生成高度个性化和转化率更高的邮件文案，具体操作方法如下。

步骤01 进入ChatGPT页面，输入相应的提示词，如图4-19所示。

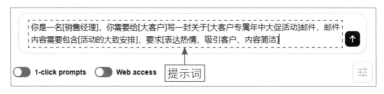

图 4-19　输入相应的提示词

步骤02 按【Enter】键确认后，ChatGPT即可生成相应的邮件营销文案，具体内容如下。

当然，以下是一封关于大客户专属年中大促活动的邮件范例。

主题：精彩来袭！大客户专属年中大促活动即将启动

尊敬的[客户姓名]，

您好！

作为我们尊贵的大客户，我们荣幸地邀请您参加我们即将举办的年中大促活动！这是我们为感谢您一直以来的支持与信任，精心准备的专属福利，期待与您共同开启精彩时刻。

活动时间： [日期] 至 [日期]

活动地点： [活动地点]

活动亮点：

1. **超值优惠**：惊喜大放送！各类产品/服务享受最高折扣，绝对物超所值！

2. **独家体验**：特为大客户准备的定制体验，让您感受到更加贴心的服务与关怀。

3. **抽奖活动**：参与即有机会赢取丰厚大奖，精彩好礼等您来拿！

4. **交流互动**：结识业界精英，分享经验，拓展您的人脉圈！

我们期待着在活动中与您相见，共同享受这个充满惊喜的时刻！请务必在[截止日期]前确认您的参加意愿，以便我们为您做好详细安排。

如有任何疑问或特殊需求，请随时与我们联系。谢谢！

祝您工作顺利，生活愉快！

诚挚的问候，

[您的姓名]

[您的职位]

[您的联系方式]

希望这封邮件符合您的要求！如果需要任何调整或有其他需求，请告诉我。

利用AI工具进行邮件营销的赚钱方式多样，可以是直接销售定制化的邮件文案包，也可以是通过提供邮件营销服务来赚取咨询费或服务费。无论选择哪种方式，都需要营销人员不断学习和实践，以提升自己在邮件营销领域的专业技能和经验。

利用AI工具进行邮件营销变现，营销人员不仅能够提升个人能力，还能够在竞争激烈的市场中获得更多的机遇和收入。

第 5 章　8 个技巧，用 AI 绘画做副业赚钱

作为一种新兴的艺术形式，AI 绘画已经成为艺术爱好者和专业创意人士探索的热门领域。通过 AI 绘画开拓副业，将自己的艺术创意与机器学习算法相结合，可以创造出独特的视觉作品，并通过多种渠道实现商业化，将其作为收入来源。

5.1　AI绘画定制接单变现

扫码看视频

如今，AI绘画定制服务已经成为一股新兴的创业潮流，利用AI技术，人们可以创作独一无二的艺术作品，从而开辟新的收入来源。

AI绘画定制服务的核心在于个性化和创意。无论是个人还是企业，都希望得到独一无二的艺术作品。利用AI绘画工具，人们可以根据客户的需求，快速生成各种风格的头像、壁纸、艺术照和卡通形象等，这种服务不仅满足了客户的个性需求，也能够为人们带来可观的收入。

通过AI绘画定制服务赚钱的基本方法如下。

❶ 接受定制委托：根据客户的需求和喜好，提供个性化的AI绘画服务，无论是卡通形象、亲子头像还是情侣头像，AI都能轻松应对。

❷ 定价策略：合理的定价是吸引用户的关键。根据作品的复杂度和创作时间，定价可以在50～99元，甚至更高。同时，也可以提供一些亲民的活动价格，如6.6元或9.9元等，以吸引更多的用户关注你，如图5-1所示。

图 5-1　AI 绘画定制服务的定价示例

❸ 引流策略：在小红书等平台上免费提供前3张作品，可以有效地吸引潜在用户，之后可以提供更高价位的定制服务。

❹ 沟通与服务：在接单前，建立一套标准的操作流程，让用户提供必要的信息，以减少沟通成本。同时，对于复杂的定制需求，除了使用Stable Diffusion等AI绘画工具，还需要利用Photoshop等软件进行后期处理。

❺ 区块链认证：将定制的图像上传到区块链进行认证，可以增加作品的稀缺性和价值。

例如，Stable Diffusion是一款基于深度学习的图像生成工具，能够根据文本描述生成高质量的艺术作品。与传统的绘画方式相比，Stable Diffusion具有速度快、成本低、创意无限等优势。只需输入简单的文本描述，Stable Diffusion就能生成令人惊叹的图像。

使用Stable Diffusion可以根据客户的形象定制设计各种AI绘画作品，如个性化头像、艺术风格的全家福、情侣合影及具有特定主题的插图等，相应的原图和效果图对比如图5-2所示。

图 5-2　原图和效果图对比

下面介绍使用Stable Diffusion制作个性化头像的操作方法。

步骤01 进入"图生图"页面，上传一张原图，如图5-3所示。

步骤02 在页面上方的"Stable Diffusion模型"下拉列表框中，选择一个2.5D

动画风格的大模型，在页面下方设置"迭代步数（Steps）"为30、"采样方法（Sampler）"为Euler a、"宽度"为512、"高度"为768，让图像细节更丰富、更精细，如图5-4所示。

图 5-3　上传一张原图

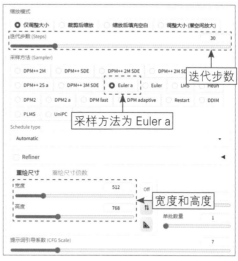

图 5-4　设置相应的参数

步骤 03 继续设置"重绘幅度"为0.5，让新图更接近原图，如图5-5所示。

图 5-5　设置"重绘幅度"参数

步骤 04 在页面上方输入相应的提示词，重点写好反向提示词，避免产生低画质效果，如图5-6所示。

图 5-6　输入相应的提示词

步骤 05 单击"生成"按钮，如图5-7所示，即可转换照片的风格，生成个性化的人物头像效果。

图 5-7　单击"生成"按钮

AI绘画定制服务为人们提供了新的副业赚钱机会。通过Stable Diffusion等AI绘画工具，可以快速、低成本地为客户定制个性化的艺术作品。合理的定价策略、有效的引流手段、良好的沟通服务及作品的稀缺性，都是提高收入的关键因素。随着AI技术的不断进步，AI绘画定制服务的前景将更加广阔。

5.2　出售AI绘画教程变现

扫码看视频

AI绘画技术是提升艺术创作效率的创新工具，只需提供一段文字描述，AI便能智能解析并创作出围绕同一主题、风格迥异的画作。AI绘画技术突破了传统绘画的界限，让没有绘画基础的普通人也能创作出具有专业水准的美术作品。利用AI绘画工具，仅需通过输入简单的描述或关键词，结合所选风格，便能在瞬间得到一幅充满美感的图画，相关示例如图5-8所示，这种便捷性与效率是前所未有的。

图 5-8　使用 AI 绘画工具（Midjourney）生成的作品示例

☆ 专家提醒 ☆

Midjourney是一款卓越的AI绘画工具，能够快速地将人们的创意想法转化为令人赞叹的视觉效果。无论是海报、插画还是逼真的图片，Midjourney都能以其强大的功能和简单的操作，提供一站式的图像生成服务。

正如图5-8展示的图片，就是通过Midjourney的AI绘画功能创作的一幅作品。尽管它可能还未能完全达到专业画家手工绘制的水准，但其整体的视觉效果和细节处理已经非常出色，足以证明Midjourney在AI绘画领域的卓越能力。

随着AI绘画技术的发展，越来越多的人对此表现出兴趣，希望能够学习和掌握AI绘画技能。同时，AI绘画技术不需要用户具备深厚的绘画基础或软件技能，这也间接扩大了潜在用户群体的规模。

对于那些对AI绘画充满热情却又不知如何入门的人，出售AI绘画教程是一个不错的变现选择，这不仅能够帮助他人快速掌握AI绘画技能，同时也能为自己带来一定的经济收益，下面将分享一些相关的方法。

❶ 自媒体平台分享：首先，在各大自媒体平台上注册账号，定期发布自己的AI绘画作品，如图5-9所示，通过展示自己的艺术才华和技术实力，吸引人们关注和积累粉丝。

图 5-9　在自媒体平台（抖音）上发布自己的 AI 绘画作品

❷ 在线教学视频：接着可以考虑制作在线教学视频，通过视频教程教授学员如何使用AI绘画工具，从基础操作到高级技巧，逐步引导他们进入AI绘画的世界，相关示例如图5-10所示。

图 5-10　在线教学视频示例

❸ 粉丝互动：不要忽视粉丝的力量，他们可能是你潜在的学员。通过与粉丝互动，了解他们的需求，为他们量身定制AI绘画课程，满足他们的学习欲望。图5-11所示为通过微信群与粉丝互动的示例。

图 5-11　通过微信群与粉丝互动的示例

❹ 线下培训班：组织线下培训班是一个不错的选择，面对面教学能够提供

更加个性化的指导，同时也能提升学员的学习体验。

❺ 知识付费：如果已经拥有一定的粉丝基础，并且具备设计或绘画的专业背景，那么你完全可以利用这些优势，结合AI绘画技术，创造更多专属的收入来源。例如，可以开通各种自媒体或在线教育平台的付费课程，提供专业的AI绘画教学内容，相关示例如图5-12所示。

图 5-12 在线教育平台的付费课程示例

❻ 个性化提示词研究：如果你的AI绘画作品风格独特，研究的提示词比较个性化，那么你的教程将更具吸引力，能够激发学员的兴趣和创造力。

❼ 教育和培训服务：开设在线课程或工作坊，向其他艺术家或有兴趣的学员传授AI绘画的技巧和经验，通过收取合理的学费，从教育服务中获得稳定的收入。

AI绘画技术的兴起为艺术创作带来了新的可能，同时也为大家的副业开辟了新的收入渠道。通过出售AI绘画教程，不仅能够分享自己的知识和技能，还能在帮助他人的同时获得经济上的回报。这是一个双赢的过程，值得每一个对AI绘画有兴趣的人去尝试和探索。

5.3 训练AI绘画模型变现

扫码看视频

AI绘画模型是一种运用深度学习技术，通过分析和学习大量图像数据，赋予计算机模仿并掌握人类绘画风格与技巧的能力的创新科技。AI绘画模型能够捕捉并再现艺术家的创作手法，从而生成具有独特艺术风格的图像。

作为AI技术在艺术领域的应用之一，AI绘画模型不仅为艺术家和设计师提供了新的创作工具，同时也开辟了新的商业模式和变现途径。

AI绘画模型通过学习大量的图片数据，能够生成具有艺术感的图像。这些模型可以被训练成各种风格，从而满足不同用户的需求。对于想通过AI绘画做副业的人而言，这是一个巨大的机遇，可以通过以下方式实现AI绘画模型的变现。

❶ 模型销售：大家可以将自己的AI绘画模型打包并上传至在线AI绘画平台，直接向用户出售模型。图5-13所示为LiblibAI平台上的会员专属AI绘画模型，用户需要充值会员后才能下载和使用该模型。

图 5-13　LiblibAI 平台上的会员专属 AI 绘画模型

❷ 收益分成：部分AI绘画平台采用收益分成的模式，即当用户使用创作者的模型进行绘画并产生收益时，创作者可以获得一定比例的分成，这种方式使得创作者能够持续从他们的模型中获得收益。例如，LiblibAI平台推出的"原创者激励计划"，为模型创作者提供了收益补贴，如图5-14所示。

❸ 模型训练定制服务：除了在AI绘画平台上销售模型，创作者还可以提供定制化的AI绘画服务。根据用户的具体需求，创作者可以训练特定的模型，为用户提供独一无二的艺术作品。

例如，SD-Trainer是一个基于Stable Diffusion的LoRA模型训练器。使用SD-Trainer，只需少量的图片数据，每个人都可以轻松快捷地训练出属于自己的LoRA模型，让AI按照自己的想法进行绘画。

图 5-14 LiblibAI 平台推出的"原创作者激励计划"

下面介绍使用SD-Trainer训练LoRA模型的操作方法。

步骤01 下载好SD-Trainer的安装包后，选择该安装包并单击鼠标右键，在弹出的快捷菜单中选择"解压到当前文件夹"命令，如图5-15所示。

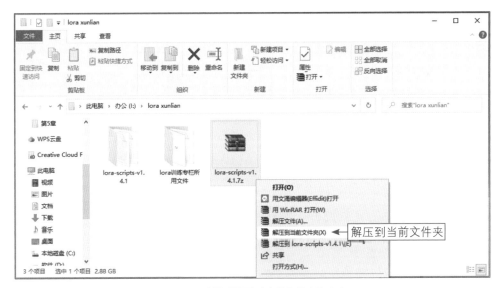

图 5-15 选择"解压到当前文件夹"命令

步骤02 解压完成后，进入安装目录下的train文件夹中，创建一个用于存放图片数据集的文件夹，建议文件夹的名称与要训练的LoRA模型名称一致，如landscape photography（风光摄影），如图5-16所示。

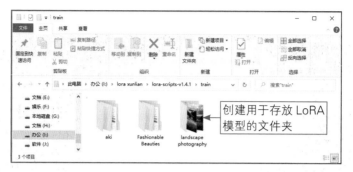

图 5-16　创建一个用于存放 LoRA 模型的文件夹

步骤 03 进入landscape photography文件夹，在其中再创建一个名为10_landscape photography的文件夹，并将准备好的训练图片放入其中，如图5-17所示。

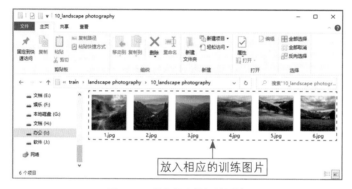

图 5-17　放入相应的训练图片

步骤 04 进入SD-Trainer的安装目录，先双击"A强制更新-国内加速.bat"图标进行更新（注意，仅首次启动时需要运行该程序），完成后，再双击"A启动脚本.bat"图标启动应用，如图5-18所示。

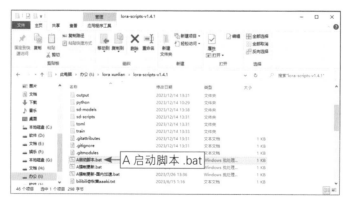

图 5-18　双击"A 启动脚本 .bat"图标

步骤 **05** 执行操作后，即可在浏览器中打开"SD-Trainer｜SD训练UI"页面，单击左侧的"WD 1.4标签器"超链接，如图5-19所示。

图 5-19 单击左侧的"WD 1.4 标签器"超链接

☆ 知 识 扩 展 ☆

WD 1.4标签器（又称Tagger标注工具）是一种图片提示词反推模型，其原理是利用Tagger模型将图片内容转化为提示词。Tagger模型能够自动分析图片内容，推断出相应的文字描述，提高图片数据标注的效率。

步骤 **06** 执行操作后，进入"WD 1.4标签器"页面，设置相应的图片文件夹路径（即前面创建的10_landscape photography文件夹的路径），并输入相应的附加提示词（注意用英文格式的逗号分隔），作为起手通用提示词，用于提升画面的质感，如图5-20所示。

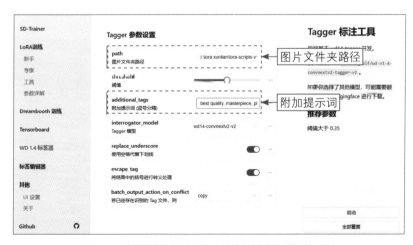

图 5-20 设置图片文件夹路径并输入相应的附加提示词

☆ 知识扩展 ☆

起手通用提示词是指在进行AI生成任务时，一开始使用的通用的、较为宽泛的提示词。这些提示词通常是为了给AI模型提供一个大致的方向或框架，以帮助模型更好地理解和生成符合要求的作品。

步骤07 单击页面右下角的"启动"按钮，即可进行图像预处理，用户可以在命令行窗口中查看处理结果，如图5-21所示，同时还会在图像源文件夹中生成包含提示词内容的标签文档。

图 5-21　查看处理结果

步骤08 将用于LoRA模型训练的基础底模型（即底模文件）放入SD-Trainer安装目录下的sd-models文件夹内，在"SD-Trainer｜SD训练UI"页面中，单击左侧的"新手"超链接进入其页面，在"训练用模型"选项区中设置相应的底模文件路径（即上一步准备的基础底模型），在"数据集设置"选项区中设置相应的训练数据集路径（即图像文件夹的路径），如图5-22所示。

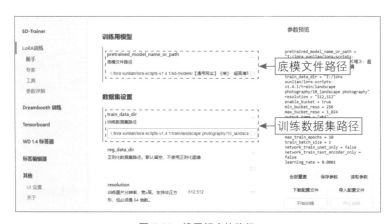

图 5-22　设置相应的路径

☆ 知识扩展 ☆

注意，10_Fashionable Beauties文件夹名称中的10是repeat数，指的是在训练过程中对每一张图片需要重复训练的次数，用于控制模型训练的精度和稳定性。

步骤09 在"新手"页面下方的"保存设置"选项区中，设置相应的模型保存名称和路径，如图5-23所示。

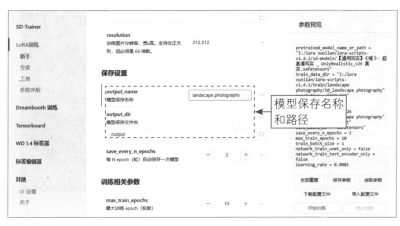

图 5-23 设置相应的模型保存名称和路径

步骤10 在"新手"页面下方还可以设置训练相关参数、学习率与优化器参数、训练预览图参数等，这里保持默认设置即可，单击"开始训练"按钮，如图5-24所示。

图 5-24 单击"开始训练"按钮

步骤 11 执行上述操作后，在命令行窗口中可以查看模型的训练进度，如图5-25所示。

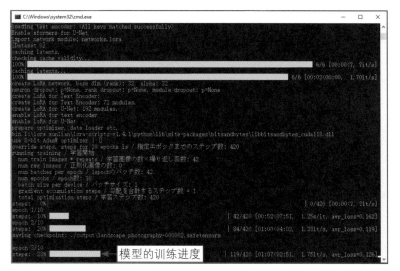

图 5-25　查看模型的训练进度

步骤 12 模型训练完成后，进入output文件夹中，即可看到训练好的LoRA模型，如图5-26所示。

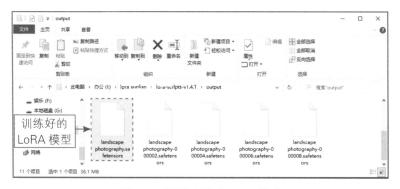

图 5-26　看到训练好的 LoRA 模型

为了成功实现AI绘画模型的变现，创作者首先需要学习AI绘画技术，包括模型训练、风格转换等；其次需要了解市场需求，确定目标用户群体，以及他们对AI绘画模型的偏好，根据市场调研的结果，训练具有吸引力的AI绘画模型；最后，通过社交媒体、艺术社区、博客等渠道宣传自己的AI绘画模型，吸引潜在的用户。利用AI绘画模型变现的方式比较轻松，只要一直有人使用就可以一直挣钱。

5.4　出售AI绘画作品变现

扫码看视频

　　AI绘画技术方便创作者以前所未有的速度和质量生成艺术作品，这些作品不仅满足了市场对个性化和创新设计的需求，而且创作者还可以通过出售作品作为新的收入来源。下面是通过出售AI绘画作品实现变现的一些关键点。

　　❶ 技能与创造力的结合：虽然AI绘画技术可以辅助创作者进行创作，但最终作品的成功仍然依赖创作者的艺术技能和创造力。

　　❷ 专业的AI艺术资源市场：例如，Artstation和Gumroad等平台允许创作者出售AI艺术资源，如图5-27所示。

图 5-27　在 Artstation 平台上出售的 AI 绘画作品

　　❸ 公共平台的利用：通过在小红书、抖音、闲鱼等公共平台上展示作品，创作者可以吸引潜在用户的注意力，并建立自己的粉丝群体。例如，一位AI绘画爱好者通过在小红书上发布和出售作品，不仅粉丝数量大幅增加，还接到了多个约稿订单，如图5-28所示。

图 5-28　在小红书上出售 AI 绘画作品的示例

❹ 参与平台征稿活动：这不仅为创作者提供了展示自己作品的机会，同时也带来了潜在的经济收益。图5-29所示为LiblibAI平台上的AI画作征稿活动。

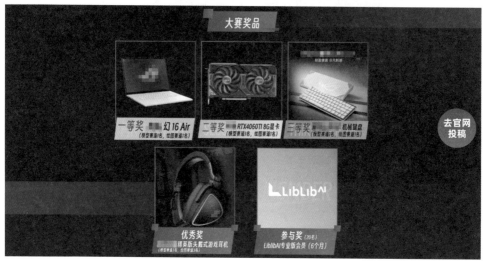

图 5-29　LiblibAI 平台上的 AI 画作征稿活动

❺ 精准流量的转化：在公共平台上与潜在的用户互动，可以转化为实际的订单。例如，一位宝妈通过分享AI绘画生成的孩子图像，成功吸引了其他家长的兴趣，从而接到了绘图订单。

❻ 知名度的提升：随着作品被更多的人看到和欣赏，创作者的知名度也会随之提升，这将带来更多的绘图订单机会。

AI绘画作品的变现潜力已经得到了市场的验证。通过掌握AI绘画技术，创作者可以创作出具有市场竞争力的艺术作品，并通过网络渠道实现其商业价值。

5.5　提供AI设计服务变现

AI绘画技术在设计服务领域的应用正变得越来越广泛，为人们的副业提供了新的变现途径，除了本节的知识点，后面还有一整章内容来介绍AI设计细分领域的副业变现技巧。利用AI的强大功能，人们可以为客户提供快速、高效且个性化的设计服务。AI绘画技术在设计服务中的主要应用如下。

❶ 个性化设计服务：AI绘画技术可以根据用户的个性化需求，快速生成LOGO（标志）、海报、插图等设计作品，这种服务特别适合需要快速迭代设计概念的项目。下面介绍使用Midjourney生成LOGO（标志）的操作方法。

扫码看视频

步骤01 在Midjourney中调出imagine指令，输入相应的提示词，如图5-30所示。

图 5-30　输入相应的提示词

步骤02 按【Enter】键确认，即可生成4张LOGO图片，效果如图5-31所示。

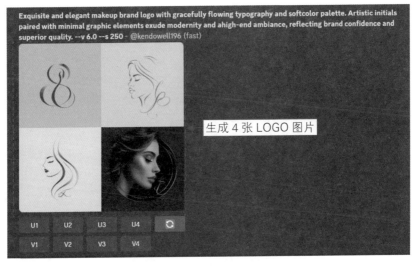

图 5-31　生成 4 张 LOGO 图片

☆ 专家提醒 ☆

在使用Midjourney进行AI绘画时，应尽量输入英文提示词，AI模型对于英文单词的首字母大小写格式没有要求，但要在提示词中的每个关键词中间添加一个逗号（英文字体格式）或空格，便于Midjourney更好地理解提示词的整体内容。

❷ 优化设计流程：利用AI绘画技术作为创意起点，对AI生成的设计结果进行优化和调整，以满足更精细的设计要求。

❸ 二维码定制：AI技术可以用于生成定制化的二维码，这些二维码不仅外观独特，而且功能实用，用手机扫码即可识别。下面介绍使用Stable Diffusion生成二维码的操作方法。

扫码看视频

步骤 **01** 进入"文生图"页面，选择一个写实风格的大模型，输入相应的提示词，描述画面的主体内容并排除某些特定的内容，如图5-32所示。

图 5-32　输入相应的提示词

步骤 **02** 在页面下方设置"迭代步数（Steps）"为40、"采样方法（Sampler）"为DPM++ 2M，让图像细节更丰富、精细，如图5-33所示。

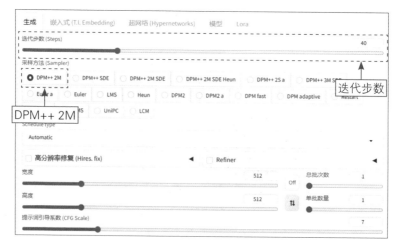

图 5-33　设置相应的参数

步骤03 由于本案例需要使用ControlNet上传二维码图并进行控制，因此还需要下载一个为二维码量身定制的ControlNet模型，进入模型下载页面，单击Download file（下载文件）按钮 ↓，如图5-34所示。

图 5-34　单击 Download file 按钮

步骤04 ControlNet模型下载完成后，将其放入ControlNet插件的models（模型）文件夹中即可，如图5-35所示。

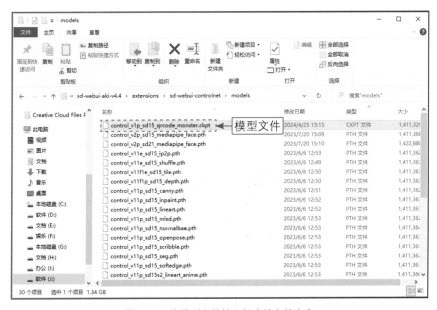

图 5-35　将模型文件放入相应的文件夹中

☆ 专家提醒 ☆

ControlNet是一种基于Stable Diffusion的扩展插件，它可以提供更灵活和细致的图像控制功能。掌握ControlNet插件，能够更好地实现图像处理的创意效果，让AI绘画作品更加生动、逼真和具有感染力。

步骤05 在"文生图"页面下方展开ControlNet插件选项区，在ControlNet Unit 0选项卡中上传一张二维码原图，选中"启用"复选框和"完美像素模式"复选框，启用ControlNet插件，并自动匹配合适的预处理器分辨率，在"模型"下拉列表中选择刚才下载的模型，并设置"控制权重"为1.8，"控制权重"值越大，二维码会越明显，如图5-36所示。

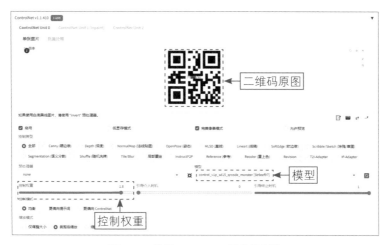

图 5-36　设置 ControlNet 插件的参数

步骤06 单击"生成"按钮，即可生成酷炫的二维码，效果如图5-37所示。

图 5-37　生成酷炫的二维码

❹ 批量制作表情包：AI绘画技术可以大大简化表情包的制作流程。通过输入特定的提示词，AI可以快速生成一系列表情形态，通过批量抠图和添加文字，可以快速完成表情包的制作。

掌握AI绘画技术，并结合传统的设计技能，大家可以为客户提供更加多样化和创新的设计服务，实现艺术与商业的双赢。

5.6　开发AI绘画软件变现

扫码看视频

AI绘画软件的开发为编程人员和科技公司提供了新的商业机会，通过创新的软件产品，不仅可以提升艺术创作的效率和质量，还可以开辟出全新的副业收入渠道。AI绘画软件的市场潜力如下。

❶ 高效智能的创作工具：AI绘画软件利用先进的算法，为用户提供了一种快速生成艺术作品的新方式，这些软件可以模仿不同的艺术风格，从而创造出独特的视觉内容。例如，智绘AI是一款基于人工智能技术的绘画工具，包括App、网页版和小程序等客户端，能够帮助用户轻松创作出高质量的绘画作品，如图5-38所示。

图 5-38　智绘 AI 小程序

❷ 企业级应用：企业可以利用AI绘画软件来设计产品图案、制作广告或进行市场营销宣传材料的设计，这不仅节省了成本，而且提高了设计的效率和创新性。

❸ 个人创作者的工具：对于个人艺术家和设计师，AI绘画软件为其提供了一种新的创作手段，可以帮助他们探索新的艺术表现形式，并将其作品商业化。

不过，开发AI绘画软件需要具备一定的编程技术，同时还需要对市场有深刻的洞察力，以确保产品能够满足用户的需求。开发者可以研究市场上现有的AI绘画软件，分析它们的功能、优势和不足，从而开发出具有竞争力的产品。

另外，大家需要注重AI绘画软件的用户体验设计，确保软件界面友好、易于使用，并且能够引导用户进行创造性的探索。对于具备编程能力的开发者，可以通过推出小程序或App，将AI绘画技术带给更多用户，并通过会员制等形式进行收费，实现可观的经济效益。同时，还需要根据用户的反馈和市场变化，不断迭代和优化软件功能，以适应不断变化的市场需求。

5.7 将AI画作做成实物变现

扫码看视频

AI绘画作品的实物化是艺术与商业结合的创新途径，它不仅拓宽了艺术作品的应用场景，也为创作者提供了新的收入来源。下面是一些实物化AI绘画作品的常见途径。

❶ 个性化印刷品：将AI生成的图像打印出来，装裱成画框，或者印制在T恤、杯子、笔记本等日常用品上，这些个性化的印刷品能够吸引用户的兴趣，相关示例如图5-39所示。

图 5-39　个性化印刷品示例

❷ 定制化手办：利用AI绘画技术设计独特的角色形象，并将其制作成手办或模型，满足收藏爱好者的需求，相关示例如图5-40所示。

图 5-40　定制化手办示例

❸ 电商销售：通过电商平台销售利用AI绘画技术生成的独一无二的实物产品，可以触及更广泛的用户群体。

将AI绘画作品转化为实物产品，不仅为艺术作品提供了新的展示平台，也为创作者开辟了新的收入渠道。通过结合创意设计、实物制作和网络营销，AI绘画作品的变现潜力将进一步扩大，为艺术创作者带来更广阔的发展空间。

5.8　利用自媒体流量变现

AI绘画技术与自媒体结合，为人们提供了一个全新的流量变现途径。通过在流行的自媒体平台上展示利用AI创作的艺术作品，创作者可以吸引大量粉丝，进而通过多种方式实现收益，相关技巧如下。

扫码看视频

❶ 平台发布：在小红书、快手、抖音、B站等流行的自媒体平台上定期发布AI绘画作品，以吸引和增加粉丝。

❷ 创建专门的账号：建立专门的壁纸或头像账号，提供高质量的AI绘画作品供用户下载，如图5-41所示。

❸ 广告收入：将原图嵌入取图小工具，如图5-42所示，通过用户观看广告来获取收入，这是一种常见的流量变现方式。另外，创作者也可以与广告商合作，通过展示品牌广告来获得收入。

图 5-41　壁纸类自媒体账号示例

图 5-42　将原图嵌入取图小工具的示例

❹ 参与平台计划：积极参与抖音等平台的图文创作计划，通过发布作品来
获取平台提供的流量支持和收益。

利用自媒体流量变现的前提是通过微信公众号、小程序等构建私域流量，与粉丝建立稳定的关系。构建自媒体私域流量的策略如下。

❶ 微信公众号：建立微信公众号，发布AI绘画作品背后的故事、创作过程及相关教程，与粉丝建立更深层次的联系。

❷ 小程序开发：开发小程序，提供AI绘画作品的下载服务，同时集成广告和会员服务，增加收益渠道。

❸ 精准营销：通过私域流量进行精准营销，推广相关的艺术产品或服务，如定制化打印、AI绘画课程等。

❹ 粉丝互动：通过问卷调查、在线投票等方式，了解粉丝的喜好和需求，提高粉丝黏性。

自媒体流量变现的模式非常适合作为副业，因为它不会随着流量的增加而产生额外的人力或物力成本，即使流量达到数百万级。与一次性奖励机制不同，自媒体流量变现能够带来持续的复利效果。无论何时何地，只要有人通过观看视频下载图片，创作者就能获得收益，实现了被动收入，相关收益截图如图5-43所示。

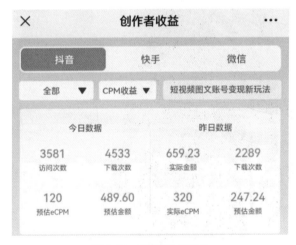

图 5-43　创作者收益截图

得益于AI绘画技术的进步，创作一张图片变得非常简单，有时只需一个简单的指令（或"咒语"），甚至仅需一部智能手机，即可完成所有创作和发布流程。同时，创作者可以在多个自媒体平台上进行流量变现，如抖音、快手、视频号和小红书等，拓宽了收益来源。

第 6 章　6 个技巧，用 AI 视频做副业赚钱

在新媒体时代，视频内容已成为传播信息和展示创意的主流方式之一。随着人工智能技术的飞速发展，AI视频制作工具的出现极大地降低了视频创作的技术门槛，为个人创作者和副业探索者开辟了新的收入渠道。本章将介绍6个实用的技巧，帮助大家利用AI视频工具实现利用副业赚钱的目标。

6.1　用AI自动生成视频赚自媒体收益

扫码看视频

AI自动生成视频技术使得创作者能够以前所未有的速度和规模生产内容，并通过多个自媒体平台获得收益。利用AI视频工具，如剪映、PixVerse、Clipfly、Pika AI或度加创作工具等，可以根据文案自动生成视频。

创作者需要先使用搜索引擎或社交媒体平台的热搜功能确定热点话题，然后使用AI工具生成视频所需的文案，并根据文本提示生成高清视频。

自媒体平台对视频的需求量非常大，而且有播放量就有收益。利用AI工具，个人创作者可以快速生成视频并在多个平台上发布，实现副业收益。AI工具简化了视频制作的复杂性，使得新手也能快速上手。下面以剪映为例，介绍用AI自动生成视频的操作方法。

步骤01 打开剪映（专业版）后，单击"图文成片"按钮，如图6-1所示。

步骤02 执行操作后，弹出"图文成片"对话框，在"智能写文案"下拉列表中选择"营销广告"选项，输入相应的产品名和产品卖点，选择合适的视频时长，单击"生成文案"按钮，即可生成相应的视频文案。选择相应的音色类型，单击"生成视频"按钮，在弹出的下拉列表中选择"智能匹配素材"选项，如图6-2所示。

图 6-1　单击"图文成片"按钮

图 6-2　选择"智能匹配素材"选项

步骤03 执行操作后，AI会根据文案内容来搜索和添加视频素材，同时会自动添加字幕、语音旁白和背景音乐等元素，并自动剪辑成一个完整的营销广告视频，效果如图6-3所示。

AI视频生成技术为自媒体创作者提供了一个低成本、高效率的内容生产方式，副业项目的成功依赖于选题的准确性、内容的质量和分发的效率。用AI自动生成视频赚取自媒体收益的主要方式如下。

图6-3 自动剪辑成一个完整的营销广告视频

❶ 多平台发布：在bilibili（即B站）、百家号、今日头条等平台上发布视频，根据播放量获得收益。

❷ 广告和赞助：随着频道观看量的增加，可吸引广告商和赞助商。

❸ 内容分发工具：使用一键分发工具，如蚁小二、易撰、新榜等自媒体分发助手，可以提高工作效率，扩大收益来源。

6.2　出售AI视频创作服务实现变现

扫码看视频

在海外自由职业交易平台Fiverr上，创作者们通过提供AI服务，已经实现了可观的收益。以创作者Eli Lev为例，他通过出售AI视频制作服务，已经赚取了十多万美元。Eli Lev的服务包括制作300秒的视频，最低报价为290美元。这一现象表明，AI技术不仅在技术上取得了突破，而且在商业化方面也展现出了巨大的潜力。

Fiverr作为一个中介平台，连接了创作者和用户，使得用户可以购买到各种利用AI制作的产品，如画作、音乐和视频等。这种模式与国内的淘宝类似，但Fiverr更侧重于服务而非商品。Fiverr平台上的服务项目被称为Gig，每项服务的定价5美元起，最高可达数千美元。尽管Fiverr会抽取20%的佣金，但许多创作者依然能够成功"掘金"。图6-4所示为Fiverr平台上出售的AI视频创作服务。

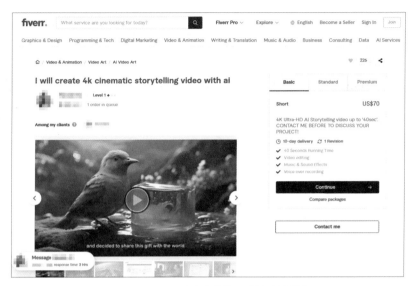

图6-4　Fiverr平台上出售的AI视频创作服务

AI服务的热销类别包括基于AI工具的图文、视频、网站制作服务，以及根据AI内容提供的解决方案。据Fiverr平台2023年10月的数据显示，AI服务的搜索量在过去6个月内增长了100多倍，AI视频制作的搜索增长了37倍。

除了直接售卖AI生成的创意服务，还有商家提供优化、人工智能解决方案等专业意见。例如，创作者Kerri M提供内容润色和事实核查服务，已经完成了1300多单，每单单价约人民币540元。

然而，AI服务的成功并非没有挑战。在技术壁垒不高的AI领域，获客能力是能否赚到钱的关键。此外，Fiverr上关于AI商品的版权问题也不容忽视。Fiverr平台规定，创作者生成的AI商品必须符合法律规定，确保内容有明确的版权归属。

除了Fiverr，其他自由职业平台如Upwork、Udemy、Zazzle等也支持生成式AI相关服务。淘宝也在2023年的"双11"期间新增了人工智能服务选项，包括AI绘画、AI照片生成等。这些自由职业交易平台为AI创作者提供了更多的资源和曝光的机会，促进了用户和创作者之间的供需匹配。

AI视频创作服务作为副业具有较高的可行性，但也需要创作者具备一定的市场洞察力、技术能力和运营能力。通过合理的定价策略和有效的市场推广，AI视频创作服务可以成为一项有前景的副业选择，其主要收益方式如下。

❶ 服务销售：直接向用户销售AI生成的内容，如广告视频、音乐视频等。

❷ 专业咨询：提供AI内容优化、解决方案等专业意见，帮助用户提升AI内

容的质量。

❸ 社群运营：建立资源对接社群，提供AI产出服务，吸引更多的订单。

6.3 用AI数字人语录账号做副业赚钱

扫码看视频

随着人工智能技术的不断进步，AI数字人语录账号在抖音上崭露头角，成为一种热门的副业赚钱模式。这些账号通过创造虚拟人物形象，结合网上流行的语录，合成引人入胜的视频内容，并通过多种方式实现变现。

AI数字人语录账号的核心在于利用AI技术生成虚拟人物，这些人物可以是任何形象，不受现实世界的限制。结合热门语录，这些账号能够制作出具有吸引力的视频内容，相关示例如图6-5所示。

图 6-5　AI 数字人语录视频示例

创建AI数字人语录账号并不复杂，主要包括以下步骤。

❶ 确定人物形象：根据账号定位选择合适的人物形象，可以使用在线图片生成工具如Midjourney来创建。

❷ 二次创作文案：从抖音、百度等平台获取热门文案，并进行个性化的二次创作，以形成原创内容。

❸ 生成语录音频：利用配音工具，如剪映，根据文案内容生成音频。

❹ 在线合成视频：使用国内外的工具，如D-ID平台，将人物形象、文案和音频合成为视频。

❺ 视频完善与发布：通过剪映等工具对视频进行最后的修饰，如添加字幕和背景音乐，然后在抖音上发布。

尽管AI数字人语录账号在抖音上具有一定的吸引力，但其变现效率仍有提升空间，以下是几种可能的收益方式。

❶ 橱窗带货：通过抖音的橱窗功能销售相关书籍，但目前销量普遍较低，需要进一步增加账号的影响力和转化率。

❷ 收取学费：教授视频制作技巧，将项目包装成简单且有盈利潜力的蓝海市场，向学员收取学费。

❸ 卖会员赚钱：成为平台会员代理商，通过销售会员资格获得提成。

❹ 矩阵带货：运营多个细分领域的账号，提高成功的概率，但这种方式更适合有资源的团队操作。

6.4 用AI将小说内容转换成漫画视频赚钱

扫码看视频

在抖音上，一种新兴的副业赚钱方式正在流行起来——利用AI智能配图工具将小说内容转换成漫画视频，这种方法不仅避免了直播、带货、接广告等传统的方式，还能通过提高视频的完播率和吸引新用户来增加收益。

不同于传统的直播或带货等变现方式，AI智能配图工具为创作者提供了一种全新的内容创作和盈利途径。创作者可以通过剪辑小说推文，将其转换成漫画视频，并通过设置关键词来吸引用户。每当有人通过搜索关键词阅读小说，创作者就能获得6～12元的收入。

一些创作者在尝试传统推文方式时遭遇了限流问题，导致视频观看量低，收益微薄。而AI智能配图工具则通过提供引人入胜的图文内容，有效提升了视频的完播率和用户喜好度，从而增加了收益。

为了解决原创度问题，创作者可以使用如"爱推文"这样的AI工具，它能够根据输入的小说文案进行语义改编，并一键转换成漫画视频，如图6-6所示。视频中的配音角色、背景音乐、画面动画和转场效果都由AI自动生成，并可以进行个性化修改，以确保文案与画面的完美匹配，保证内容的原创性。

制作视频的流程非常简单：复制文案，粘贴到AI工具中，一键生成视频。整个过程仅需一分钟，之后便可将视频发布到抖音上，开始赚取收益。通过AI工具将小说内容转换为漫画视频，不仅提高了视频质量，也增加了创作者的收益潜力。

图6-6 "爱推文" AI 工具

6.5 制作爆火的AI动漫视频实现变现

扫码看视频

随着AI技术的发展，AI动漫视频在各大视频平台上的热度不断攀升，为新手创作者提供了新的副业收入机会。即使是新手，掌握AI动漫制作技巧也能轻松实现月入过万。

首先，创作者需要下载4个必要的工具：今日头条、西瓜视频、抖音和剪映。通过这些工具，可以关联发布作品，并利用剪映进行视频剪辑。对新手来说，即使没有粉丝基础，通过头条号也能获得收益。而且，可以将同一个视频发布在今日头条、西瓜视频、抖音这3个平台上，实现"一个视频，三份收益"。

需要注意的是，创作者必须开通"中视频伙伴计划"，这是抖音和今日头条共同组建的活动，参与活动后发布的视频作品即可获得收益。AI动漫视频的制作过程并不复杂，创作者可以使用wink App的"AI动漫"功能，将视频一键转换AI动漫效果，如图6-7所示。

接下来使用剪映对视频素材进行剪辑，注意添加合适的音乐和转场特效。发布视频时，注意视频尺寸必须是16：9的横屏，时长要超过1分钟。使用剪映剪辑的视频可以直接同步到抖音和西瓜视频。加入"中视频伙伴计划"后，创作者可以根据视频播放量获得收益。收益可以在西瓜视频后台查看，每周四提现。创作者要确保视频的原创性，可以获得更高的收益。

图 6-7 wink App 的 "AI 动漫" 功能

6.6 利用AI生成电影解说视频赚钱

扫码看视频

电影解说视频通常包括对一部电影的内容、主题、风格、演员表现、导演手法等方面的分析和评论。这种视频可以帮助用户更深入地理解电影，提供额外的背景信息，或者简单地作为一种娱乐形式存在。

例如，利用剪映可以快速制作优质的电影解说视频，相关示例如图6-8所示。首先，创作者要合法地获取高清电影素材，然后用AI编写或参考影评得到解说文案；其次，使用剪映的AI配音功能生成旁白，并将视频片段与配音同步剪辑；再次，利用剪映的AI字幕功能自动识别语音并生成字幕，添加合适的背景音乐，并对视频进行色彩和细节上的调整；最后，导出视频并分享至抖音、今日头条等平台，同时根据用户反馈进行内容优化，提升视频质量。

图 6-8 利用剪映制作的电影解说视频示例

利用AI生成电影解说视频作为副业，不仅能够满足市场对高质量内容的需求，还能为个人创作者提供可观的收益潜力，主要收益方式如下。

❶ 广告收入：通过在西瓜视频、YouTube、bilibili等平台上发布视频，利用平台的广告分成系统获得收益。

❷ 会员订阅：创建会员系统，为付费会员提供额外的内容或高清视频。

❸ 品牌合作：与电影发行商或相关品牌合作，进行内容推广或赞助。

❹ 商品销售：通过视频推广相关商品，如电影周边、书籍等。

❺ 教学和咨询服务：向有兴趣制作电影解说视频的人提供教学和咨询服务。

第7章 6个技巧，用AI音乐做副业赚钱

在当今的数字化时代，音乐不仅仅是艺术表达的一种形式，它还成了一种创新的商业模式，让音乐爱好者和创作者能够通过副业实现收益。随着人工智能技术的发展，AI音乐创作工具的出现极大地降低了音乐制作的门槛，为那些渴望探索音乐领域的人们打开了新的大门。

7.1 用AI制作广告配音变现

扫码看视频

AI技术的飞速发展正在革新音乐制作行业，为广告配音领域带来了前所未有的机遇。利用AI音乐创作工具，可以大幅降低制作成本，同时保持音乐的多样性和个性化。AI音乐创作的主要优势如下。

❶ 成本效益：传统音乐工作室制作一首广告歌曲的费用高达数万元，而AI音乐工具能将成本降低为原来的1/10。

❷ 技术革新：AI音乐模型如Suno、MuseNet、MusicLM、MusicGen和Stable Audio等，正推动音乐创作领域的技术革新。

❸ 创作简便：即使没有深厚的乐理知识基础，也能在AI音乐工具的帮助下通过简单的文字描述创作出接近专业水准的音乐作品。

❹ 个性化生成：AI音乐工具可以根据人们提供的广告信息和创作方向，生成风格多样、符合需求的广告歌曲。

❺ 快速迭代：AI音乐的生成过程非常快，可以在几分钟内完成从创作到成品的全过程。

例如，Stable Audio是Stability AI推出的一款AI音乐生成工具，能够根据文本描述生成最长3分钟的音乐，且可用于商业用途。在Stable Audio的官方网站上，用户可以试听各种风格的示例音乐，如图7-1所示。

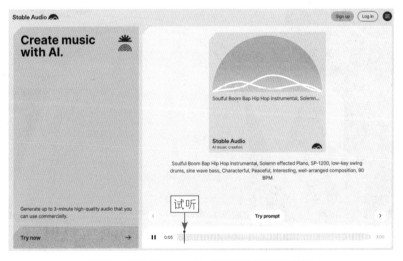

图 7-1 试听 Stable Audio 官方网站上的示例音乐

Stable Audio支持多种风格，从单一乐器演奏到复杂的音乐风格，如民族打击乐、嘻哈和重金属等。使用Stable Audio，即使是音乐新手也能尝试创作。例如，通过输入简单的指令，可以生成一段贝斯独奏或流行舞曲。尽管生成的音乐在音色上可能需要进一步优化，但其创作能力和速度已经足够满足许多广告配音的需求。

Stable Audio的操作界面对新手友好，即使是没有音乐教育背景的人也能轻松上手创作，迅速生成不同风格的音乐片段，具体操作方法如下。

步骤 01 登录Stable Audio平台后，在"Prompt Library（提示词库）"级联列表框中选择相应的提示词，即可自动填入到Prompt文本框中（也可以在这里输入自定义的提示词），如图7-2所示。

图 7-2　选择相应的提示词

步骤 02 在Model（模型）级联列表中选择Stable Audio AudioSparx 2.0模型，如图7-3所示，该模型能够仅凭自然语言描述，生成长达3分钟的完整音乐，而且是高质量的44.1kHz立体声。

图 7-3　选择相应的模型

☆ 专家提醒 ☆

44.1kHz是指音频信号采样频率，即每秒钟对声音波形进行44100次采样。采样频率越高，捕捉到的声音细节就越丰富，从而使得录制的音频更加贴近原始声音的真实质感。44.1 kHz这一标准被广泛应用于压缩光盘（Compact Disc，CD）的音质中，它确保了音频的播放能够达到较高的清晰度和保真度。

步骤 03 设置Duration（持续时间）为0m 30s（0分钟30秒），单击Generate（生成）按钮，即可生成相应的音乐，单击播放按钮 ▶，即可试听音乐，如图7-4所示。

图7-4　生成并试听音乐

步骤 04 在左侧的Input audio（输入音频）选项区中，单击Add audio（添加音频）按钮，如图7-5所示。

图7-5　单击 Add audio 按钮

步骤 05 执行操作后，弹出Add audio对话框，单击Upload（上传）按钮，如图7-6所示。

步骤 06 执行操作后，弹出"打开"对话框，在其中选择相应的音频素材，如图7-7所示。

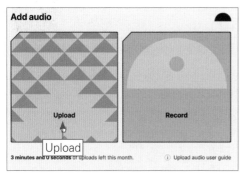

图 7-6 单击 Upload 按钮　　　　图 7-7 选择相应的音频素材

步骤 07 单击"打开"按钮即可上传音频素材，输入自定义的提示词，设置Duration为0m 12s（0分钟12秒），单击Generate按钮，即可根据音频素材生成相应的音乐，单击播放按钮▶，即可试听音乐，如图7-8所示。

图 7-8 试听音乐

Stable Audio的模型基于扩散生成模型，能够根据文本描述和声音文件的持续时间生成音乐，避免了传统声音扩散模型中可能出现的音乐片段缺乏完整性的问题。此外，Stable Audio利用最新的扩散取样技术，在高性能图形处理单元（Graphics Processing Unit，GPU）上实现快速渲染，大大提升了音乐生成的效率。

Stability AI与全球领先的音乐素材供应商AudioSparx合作，使用其提供的80万个声音文件进行训练，这些声音文件包括各种乐器和音乐风格，总时长超过1.9万小时。对于希望为广告配音的创作者，Stable Audio提供了一个简单、快捷且效益成本比高的解决方案，根据广告内容快速制作匹配的音乐。

7.2 销售AI创作的音乐变现

扫码看视频

AI音乐创作技术的出现，为音乐爱好者和专业人士开辟了新的收入渠道。通过AI工具，创作者能够以较低的成本生成大量原创音乐，并在音乐平台上以合理的价格进行销售，实现可观的收益。这一模式不仅适用于专业音乐人，也为普通用户提供了一个有效的副业选择。

如Stable Audio、Suno、Splittic AI、Google MusicLM等免费的AI音乐生成工具，使得普通用户也能具有专业的音乐创作能力。AI音乐创作工具的使用，使得创作者能够以每首20～100元的价格在音乐网站上销售原创歌曲，获得稳定的收入。

例如，Suno能够根据简单的提示词创建完整的音乐作品，包括歌词、人声和配乐。创作者可以引导Suno生成不同流派的音乐，从三角洲蓝调到电子音乐，甚至可以变换方言。

Suno的V3模型能够生成广播质量的音乐，具有更好的音频质量、多样化的风格和更强的提示遵从性。通过免费账户，创作者可以使用Suno创建两分钟时长的完整歌曲，具体操作方法如下。

步骤 01 进入Suno官网，输入相应的提示词，单击Create（创建）按钮，如图7-9所示，会要求用户进行登录，注册并登录Suno平台。

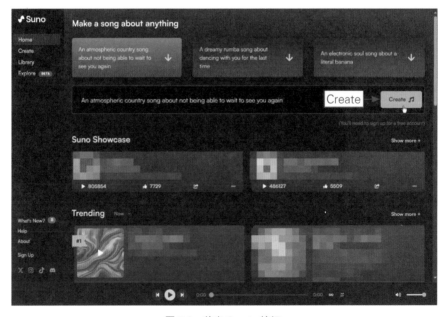

图 7-9 单击 Create 按钮

步骤 02 执行操作后，即可使用Suno的V3模型生成两首歌曲，包括封面、歌词、曲调和编曲等，单击播放按钮▶，即可试听歌曲，如图7-10所示。

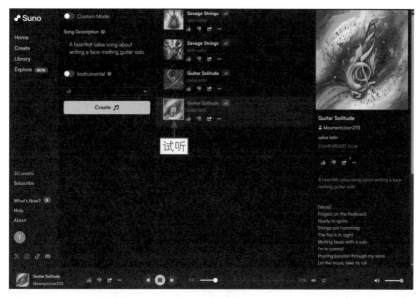

图 7-10 试听歌曲

步骤 03 选择相应的歌曲，单击██按钮，在弹出的下拉列表中选择Reuse Prompt（重用提示）选项，如图7-11所示。

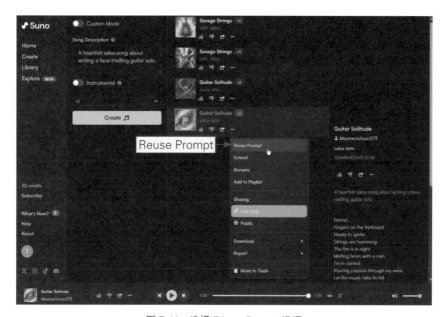

图 7-11 选择 Reuse Prompt 选项

步骤 04 执行操作后，Suno会随机生成Lyrics（歌词）内容，还可以设置Style of Music（音乐风格）、Title（标题）和模型，单击Create按钮，如图7-12所示。

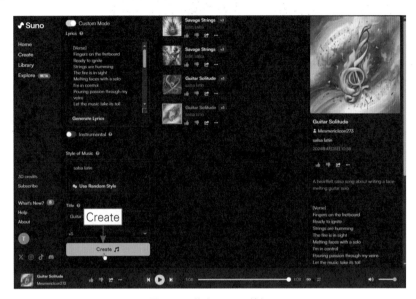

图 7-12　单击 Create 按钮

步骤 05 执行操作后，Suno会在所选歌曲的歌词的基础上，再次生成两首曲调不同的歌曲，单击播放按钮▶，即可试听歌曲，如图7-13所示。

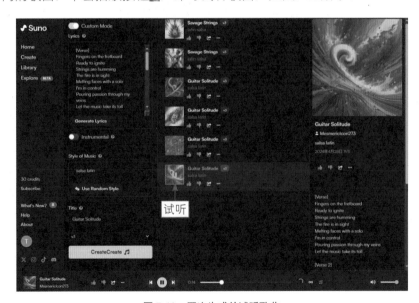

图 7-13　再次生成并试听歌曲

　　AI音乐工具彻底打破了传统音乐创作的技术壁垒，使得音乐创作变得更加容易和快捷。利用AI音乐工具，创作者可以开拓新的商业模式，无论是销售原创音乐还是提供定制音乐服务，都能为创作者带来更加稳定的副业收入。

7.3　用AI提供音乐内容变现

扫码看视频

　　随着人工智能技术的不断进步，AI音乐创作已经成为音乐产业的新趋势。例如，Mubert作为一个支持音乐制作人的平台，通过AI技术帮助创作者和品牌创作免版税音乐。在Mubert的"艺术家"选项卡中，创作者可以通过提供独家音乐内容获得收益，更好地控制音乐的分发。

　　利用Mubert赚钱的具体方法如下。

　　❶ 样本包贡献：创作者可以向Mubert贡献至少30个样本的音乐包，从每个样本中获得0.50美元或高达80%的版税收入。

　　❷ 利用免费工具：结合Mubert等免费工具，创作者可以在10分钟内制作一个音乐视频，吸引大量观众观看，从而实现流量变现。

　　下面介绍使用Mubert创作AI音乐的操作方法。

　　步骤01 进入并登录Mubert平台，单击首页上的Generate a track now（立即生成曲目）按钮，如图7-14所示。

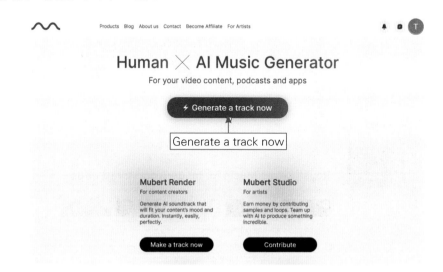

图 7-14　单击首页上的 Generate a track now 按钮

　　步骤02 执行操作后，进入Generate track（生成曲目）页面，在Enter prompt or upload image（输入提示词或上传图片）选项区中输入相应的提示词，并设置

Set duration（设置持续时间）为15秒，单击Generate track按钮，如图7-15所示。

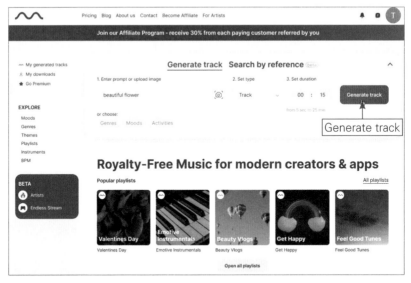

图 7-15　单击 Generate track 按钮

步骤 03 执行操作后，即可生成相应的音乐，单击音乐封面图标，即可试听音乐，如图7-16所示。

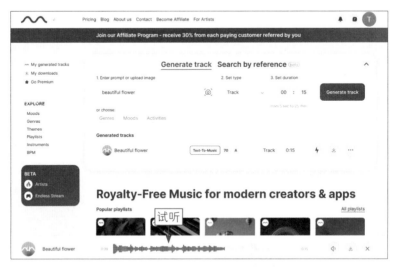

图 7-16　试听音乐

创作者在使用Mubert生成音乐时，可以选择付费版本以避免版权问题，并利用Mubert的多样化音乐类型创作适合不同场景的音乐，同时利用免费视频剪辑工具如CapCut，将音乐和视频结合，制作出完整的音乐视频，并通过网络渠道实现变现。这不仅为音乐产业带来了新的机遇，也为创作者提供了新的收入来源。

7.4　用AI语音合成技术变现

扫码看视频

AI语音合成技术，作为人工智能领域的一项突破性技术，正在开启全新的商业机会和创新途径。AI语音合成技术通过模拟真实人类的声音和语调，为多个行业带来了变革性的应用场景，同时也为人们提供了利用声音创造收入的新方法。

AI语音合成技术利用先进的算法和机器学习技术，生成与真人无异的语音。它不仅在模仿声音上取得了显著成就，还能够模拟各种语调和情感，使得机器生成的语音更加自然和富有表现力。AI语音合成技术的发展，对社会交流、商业广告、娱乐产业乃至教育和医疗等多个领域产生了深远的影响。

AI语音合成技术的商业应用如下。

❶ 广告与媒体：AI生成的声音可以用于广告旁白，为品牌吸引注意力，提高广告效果。

❷ 娱乐体验：在电影、游戏和虚拟现实中，AI语音合成技术可以为角色提供逼真的配音，增强用户的沉浸感。

❸ 教育工具：AI合成的声音可以作为语言学习工具，模拟不同语言和方言的发音，提升学习效率。

❹ 辅助医疗：为失语或声音受损者提供语音辅助，帮助他们与外界沟通。

❺ 客服系统：在客户服务领域，AI语音合成技术可以提供个性化和高效的语音交互体验。

用AI语音合成技术实现商业价值的策略如下。

❶ 智能助手与虚拟主持：开发具备自然语音交流能力的智能助手和虚拟主持人，以降低人力成本并提升服务质量。

❷ 音频内容创作：利用AI合成的声音制作有声书、播客和广播剧，通过音频平台进行销售。

❸ 定制化广告服务：根据用户的声音和情绪特征，提供个性化的广告配音，提高广告的吸引力和转化率。

例如，腾讯智影的"文本配音"功能，是一项利用人工智能技术将文本转换为语音的服务，只需输入文本内容，即可转换成高质量的配音，配音音频品质卓越，接近真人的发音效果，并且提供了多样的声源选择。

"文本配音"功能非常适合用于制作宣传片、电影和电视剧的旁白、广告、短视频等多种场合的配音。下面介绍"文本配音"功能的具体使用方法。

步骤01 登录腾讯智影平台后，进入"创作空间"页面，在"智能小工具"选项区中选择"文本配音"选项，如图7-17所示。

图 7-17 选择"文本配音"选项

步骤02 执行操作后，进入"文本配音"功能页面，在"选择音色"面板中可以选择相应的音色，在窗口右侧上方的文本框中输入相应的提示词，单击"创作文章"按钮，即可生成相应的文案，单击"添加配乐"按钮，如图7-18所示。

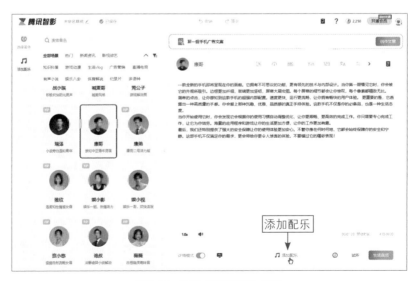

图 7-18 单击"添加配乐"按钮

步骤 03 执行操作后，展开"添加配乐"面板，在其中选择相应的配乐类型，如"安静"，单击"使用"按钮，如图7-19所示。

步骤 04 执行操作后，即可添加配乐效果，单击右下角的"生成音频"按钮，如图7-20所示。

图 7-19 单击"使用"按钮

图 7-20 单击"生成音频"按钮

步骤 05 执行操作后，即可合成AI声音效果，在"我的资源"页面中选择生成的音频，如图7-21所示。

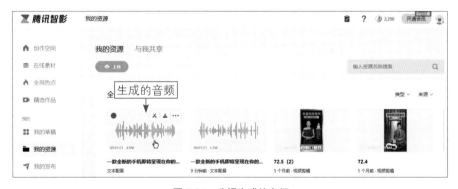

图 7-21 选择生成的音频

步骤 06 执行操作后，即可在弹出的窗口中试听音频效果，如图7-22所示。

AI语音合成技术作为一项新兴技术，为声音创作和商业化提供了无限可能。AI语音合成技术拥有多样化的盈利模式，包括提供定制化的语音合成服务、开发语音合成软件或应用，以及提供语音合成技术的应用程序编程接口（Application Programming Interface，API）等。

一款全新的手机即将呈现在你的面前。它拥有

00:00:02   00:01:21

试听

⏸

ⓘ ⬇

取消   剪辑

图 7-22　试听音频效果

7.5　通过热门文章AI配音变现

扫码看视频

在新媒体内容创作领域中，将热门文章转化为短视频内容并通过AI配音实现变现，已经成为很多人的副业。短视频内容的制作与转换技巧如下。

❶ 搜索与选择热点：在短视频平台上寻找热门视频，可以搜索特定关键词，筛选出点赞数较多的短视频。

❷ 素材收集：挑选近期流行的短视频作品，保存它们的背景音乐，并使用剪映的"智能字幕"功能提取视频文案。

❸ 对话生成：使用ChatGPT、豆包等AI工具将提取的文案转换为对话形式。

❹ 编辑与优化：剪辑保留核心对话内容，添加背景音乐，控制视频时长，并确保文案能引起用户情感共鸣。

AI配音工具利用先进的人工智能技术，可以将文本转换为语音输出，广泛应用于视频制作、广告配音、有声读物、教育培训和产品营销等多个领域。例如，

图 7-23　"配音家"小程序

配音家小程序可以根据需要调整语速、声音风格，并选择不同的声调和语言，以适应不同的短视频内容，如图7-23所示。

通过热门文章AI配音变现的基本途径如下。

❶ 广告接单：利用抖音的巨量星图平台，根据自己的粉丝量接取广告订单，实现直接收益。

❷ 小程序推广：通过推广小程序，每次用户点击都能为创作者带来收益。

❸ 橱窗带货：在视频中加入产品链接（小黄车），根据视频内容推荐相关商品，带动销售。

❹ 知识传授：在掌握整个流程后，可以招收学徒，传授经验和技巧，从而获得额外收入。

通过AI配音和短视频内容创作，即使没有专业背景，创作者也能将热门文章转化为吸引眼球的短视频，并通过多种渠道实现变现。这一过程不仅考验创作者的创意和技巧，还需要对市场流行趋势有敏锐的洞察力。

7.6　通过AI创作有声小说变现

扫码看视频

随着人工智能技术的不断进步，AI创作有声小说已经成为一种热门的副业变现途径，帮助人们实现更多的被动收入。例如，喜马拉雅通过AI技术为创作者赋能，推出了"喜韵音坊"功能，如图7-24所示，该功能利用从文本到语音（Text To Speech，TTS）技术帮助创作者实现与AI共同创作音频节目，大幅提升了创作效率。

喜马拉雅的TTS技术能够将文本转换为具有情绪和温度的语音，适用于不同类型的内容，如童话、军旅和历史等。"喜韵音坊"能够实现跨语言语音合成，让一种声音说两种不同的语言（方言）。另外，"喜韵音坊"还具有AI文稿功能，利用自动语音识别（Automatic Speech Recognition，ASR）技术，为音频节目自动生成文稿，便于听众理解声音内容。

在传统在线音频领域，高昂的内容成本一直是限制平台盈利的主要因素。然而，随着AI技术的引入，这一局面正在发生改变。喜马拉雅平台已经建立了一个稳固的内容生产体系，采用专业生成内容（Professionally Generated Content，PGC）+专业用户生成内容（Professional User Generated Content，PUGC）+用户生成内容（User Generated Content，UGC）的模式，其中UGC作为基础，占据了平台收听时长的大部分。尽管如此，喜马拉雅与内容创作者之间的收入分成模式导致内容成本居高不下。

图 7-24　"喜韵音坊"功能

　　AI技术的融合为内容创作带来了革命性的变化。AI提高了创作效率，使得内容生产规模得以呈指数级增长。例如，通过TTS技术，多家主流媒体在喜马拉雅上线了超过40个人工智能生成内容（Artificial Intelligence Generated Content，AIGC）的音频专辑，每天生产约500条声音。喜马拉雅的TTS技术每分钟能转化约3000字，极大地提升了内容产出速度。

　　AI技术的应用不仅提高了内容生产效率，还改善了音频内容的质量。喜马拉雅的"喜韵音坊"基于TTS技术开发的AIGC多播功能，使得单人创作者能够轻松演绎多角色作品，通过不同的声音和情感表达，增强了声音内容的表现力，相关示例如图7-25所示。这种创新不仅提升了用户体验，而且吸引了更多用户愿意为高质量的内容付费。

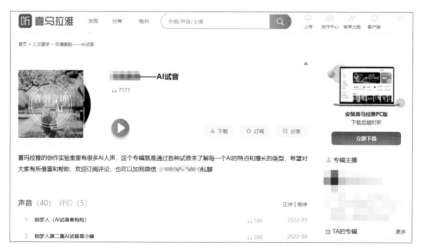

图 7-25　利用"喜韵音坊"功能生成的多人有声小说示例

　　AI技术使得有声小说等音频内容生产效率大幅提升，内容规模获得指数级增长。AI技术在音频行业的应用，为创作者提供了新的变现途径，同时也为音频行业的生产方式和商业逻辑带来了质的变化。对于音频行业的从业者，拥抱AI技术，利用AI创作有声小说，将成为一种新的商业模式和收入来源。

第 8 章　5 个技巧，用 AI 直播做副业赚钱

　　随着互联网技术的飞速发展，直播已成为连接内容创作者与用户的新兴平台。AI 直播技术的引入，更是为这一领域带来了革命性的变化，为个人和企业提供了新的商业机会。AI 不仅可以提高直播的互动性和用户参与度，还能通过智能分析提升用户体验和内容的个性化。本章将介绍 5 个实用的技巧，帮助大家通过 AI 直播技术开拓副业，实现更多收益。

8.1　使用AI数字人直播获取打赏变现

扫码看视频

AI数字人直播技术正在革新新媒体行业，为创作者提供了新的变现途径。通过AI技术，创作者可以创造出虚拟主播形象，与用户进行互动，并通过直播获取打赏，获得收益。

AI无人直播平台可以通过设置虚拟礼物或打赏机制，让用户通过购买虚拟礼物或向虚拟主播打赏来表达支持，平台从中抽取一定比例的收入作为服务费用。同时，AI技术能够帮助创作者编辑和制作更专业、更有趣的直播内容，可用于直播片段剪辑、特效添加和字幕生成等，提高直播的专业度和观看体验。

例如，腾讯智影基于自研数字人平台开发的"数字人直播"功能，可以实现预设节目的自动播放，如图8-1所示。同时，"数字人直播"功能已经接入了抖音、视频号、淘宝和快手的弹幕评论抓取回复功能，能够抓取开播平台的用户评论，并通过互动问答库快速进行回复。

图 8-1　腾讯智影的"数字人直播"功能

在直播过程中，用户可以通过文本或音频接管功能与数字人进行实时互动。实时接管是指在直播过程中创作者可以随时"打断"正在播放的预设内容，插播临时输入的内容，可以对用户的问题进行有针对性的解答，并降低重复的风险，能够有效提高数字人直播的互动性。

腾讯智影的"数字人直播"功能是基于云端服务器实现的，它不具备本地直播推流工具，所以需要借助第三方直播推流工具进行对应平台的直播。创作者也可以根据推流地址，自由选择开播平台，腾讯智影不限制直播平台。借助窗口捕获推流工具（如抖音、快手、拼多多、淘宝等平台的直播伴侣工具），数字人直播间可以在任意直播平台开播，相关示例如图8-2所示。

图 8-2　使用抖音平台的直播伴侣工具进行数字人直播的相关示例

　　一些AI数字人直播平台已经成功实现了变现。例如，一些平台通过AI数字人直播，每月可以获得数万元的打赏收入。此外，一些品牌也通过与AI数字人合作，成功提升了品牌知名度和销售额，实现可观的经济效益。

8.2　在AI直播间挂购物车卖货赚佣金

扫码看视频

　　AI技术在电商直播中的应用，为人们提供了一种新的副业变现途径。人们通过AI直播间挂购物车卖货，在直播过程中推荐商品，从而赚取佣金。下面是AI直播间的商业潜力分析。

　　❶ 商品推荐与销售：AI技术可以在直播中为用户推荐相关商品或服务，如快销品、零食和日用百货等，创造更多的销售机会，相关示例如图8-3所示。

　　❷ 合作与佣金：AI无人直播平台可以与电商平台合作，通过直播宣传商品，引导用户购买，从而获得商家支付的佣金或提成。

　　❸ 提升用户体验：使用虚拟主播能够自动回复用户提问，及时答疑解惑，提升用户参与感和直播体验。

　　通过AI直播卖货实现变现的步骤如下。

　　❶ 选择合作商家：与电商平台或品牌商家建立合作关系，选择适合直播推广的商品。

　　❷ 策划直播内容：围绕合作商品策划直播内容，确保内容既有吸引力又能够展示商品的特点。

图 8-3　通过 AI 直播推荐与销售商品的相关示例

❸ 互动与推广：在直播中使用AI技术与用户互动，推广商品，解答用户疑问。

❹ 推出福利活动：适时推出福利活动，如折扣、优惠券等，吸引用户购买，相关示例如图8-4所示。

图 8-4　通过 AI 直播推出福利活动的相关示例

❺ 分析反馈：收集用户反馈，分析商品销售情况，优化后续直播策略。

在AI直播间挂购物车卖货赚佣金，是一种新的变现渠道。在AI直播技术的帮助下，人们可以更高效地推广商品，提升用户体验，获得更多的副业收入。

8.3 在AI直播过程中插播广告获取收入

扫码看视频

AI直播技术的兴起为广告营销带来了新的机遇，尤其是在直播过程中通过插播广告来获取收入的变现模式，为人们提供了新的副业盈利途径。

AI无人直播平台能够根据用户画像和内容特点，提供精准的广告投放服务，吸引广告主投放广告，从而获得收入。例如，京东打造的美妆虚拟主播"小美"在多个美妆大牌直播间进行宣传；而虚拟主播"关小芳"在快手的首次亮相便吸引了超过100万人观看，如图8-5所示，显示出了虚拟主播在广告合作中的潜力。

图 8-5 虚拟主播"关小芳"

虚拟主播的优势如下。

❶ 降本增效：虚拟主播的运用极大地降低了直播成本，无须昂贵的直播间建设或专业主播聘请费用，AI技术可以实现全天候智能直播，提高品牌曝光度。

❷ AI驱动的智能互动：结合AI技术，虚拟主播能够根据用户的实时弹幕进行智能语音互动，推荐合适的商品，提高直播的成交率。

❸ 形象与风格的多样性：虚拟主播可以根据直播主题变换不同的外观和风格，满足用户的多元化和个性化需求，提高直播内容的吸引力。

要成功实现AI直播广告变现，需要定制虚拟主播形象，设计出符合品牌特色的虚拟主播形象，以吸引目标用户。同时，还需要与广告主合作，策划适合直播内容和风格的插播广告。

例如，世优科技推出的"AI数字人直播系统"便是一个成功案例，该系统集成了AI智能交互功能，能够一键生成虚拟数字人直播或视频，为企业提供了一种低投入、高产出、可持续的直播模式，相关示例如图8-6所示。

图8-6　世优科技推出的虚拟数字人

随着虚拟主播人气的增长，他们往往会吸引广告主的关注，广告主为了推广自己的品牌、产品或服务，会向虚拟主播的创作者支付一定的宣传费用。在直播过程中，虚拟主播可以通过多种方式如带货销售、产品试用体验和专业评测等，来满足广告主的宣传目标。

8.4　通过AI直播提供付费订阅服务变现

扫码看视频

创作者可以通过AI无人直播平台推出付费订阅服务，为自己的副业开辟新的收入渠道。这种模式不仅能为创作者带来稳定的收益，同时也提高了用户的忠诚度和参与感。AI直播付费订阅服务的变现潜力如下。

❶ 高级内容获取：用户可以通过支付会员费用，获得高质量的直播内容或特定主题的直播服务。

❷ 提高用户的黏性：付费订阅模式能够建立起用户与创作者之间的稳定关系，提高用户的黏性和忠诚度。

❸ 多元化的付费模式：除了基础的订阅服务，创作者还可以提供一对一直播、私密直播和在线教育等增值服务，通过售卖"门票"或会员账号来吸引用户

付费进入直播间。

当然，只有高质量的直播内容才能留住用户，并促使他们持续付费。因此，创作者需要通过AI直播为用户提供个性化的直播内容，满足不同用户群体的特定需求。通过提供真实、有价值的直播内容，增强用户的信任感，促进付费订阅。

8.5　借助AI直播导流线下商家实现变现

扫码看视频

AI直播技术正在为本地生活商家开辟新的副业变现途径，通过AI数字人主播的吸引力，商家能够在线上推广团购券或外卖券，提高线上曝光度，并将这些流量有效地转化为线下门店的客流。

例如，一知智能推出的"牙势数字人"技术，为直播行业带来了创新的个性化解决方案，不仅提供了2D数字人的风格化形象和声音定制，还实现了直播场景的品牌化，使其能够适应多种商业应用场景，相关示例如图8-7所示。

图 8-7　"牙势数字人"的相关示例

通过个性化的数字人形象和声音定制，商家可以在直播中实现品牌化，吸引更多的用户观看直播，并引导他们从线上参与转向线下消费。在餐饮、美容和健身等行业，数字人可以作为虚拟代言人，介绍服务内容，吸引用户参与线上互动并引导他们到线下体验；在文化旅游推广领域中，数字人可以作为虚拟导游，介绍旅游景点、文化背景，吸引用户关注并参与线下旅游活动。

第9章 7个技巧，用AI设计做副业赚钱

在创意产业的浪潮中，AI正逐渐成为设计领域的一大助力。AI不仅能够提升设计的效率和质量，还为个人提供了通过副业赚钱的新途径。本章将介绍7个实用的技巧，帮助大家利用AI设计工具开展副业，获得额外的收入。

9.1　用AI做广告设计变现

　　AI在广告设计领域的应用正变得越来越广泛，它通过各种自动化和智能化的AI工具，帮助设计师和广告创意人员提高工作效率，创造出更具吸引力的广告内容。利用如Adobe Firefly、Stable Diffusion、文心一格、DALL·E 3等AI设计工具，可以根据文本描述自动生成广告图像或设计元素。

　　例如，进入文心一格的"AI创作"页面，切换至"海报"功能区，在左侧可以设置排版布局、海报风格、海报主体、海报背景和数量等参数，单击"立即生成"按钮，AI将基于文字描述和参数生成相应的设计草图，如图9-1所示。

图 9-1　使用文心一格生成海报设计草图

　　用户可以根据AI生成的设计草图，进行微调处理，以确保作品符合广告目标和品牌风格。另外，利用AI工具还可以生成广告所需的各种素材，包括图形、图标等。最后，将AI生成的内容与人类的创意结合，完成最终的广告设计。

　　利用AI可以快速生成设计草图，大幅缩短设计周期。同时，AI的创新能力可以提供独特的设计思路，增加广告的吸引力。随着数字广告的兴起，对快速、低成本的广告设计需求不断增长，个人可以通过为客户提供个性化的AI广告设计服务，并按项目收费，增加副业收入。

9.2　用AI做产品设计变现

　　在产品设计领域中，AI不仅提升了设计的效率，还拓宽了创意的思路，为设计师提供了强大的工具，以实现快速迭代和创新。

AI可以自动生成产品设计草图或模型，大大缩短设计周期。同时，AI还能够根据客户的个性化需求，快速生成定制化的产品设计方案。目前，市场上有多种成熟的AI设计工具，如Midjourney、DALL·E 3和美图设计室等，使得个人设计师也能够轻松使用AI技术承接产品设计项目，为客户提供从概念到产品的全套设计服务，同时获得稳定的副业收入。

下面以美图设计室为例，介绍用AI做产品设计的操作方法。

步骤01 进入美图设计室平台首页，在"智能工具"选项区中单击"商品设计"按钮，如图9-2所示。

图 9-2　单击"商品设计"按钮

步骤02 执行操作后，进入"AI商品设计"页面，在左侧可以设置创作目标、添加参考图、输入自定义描述等，单击"开始设计"按钮，即可生成相应的产品效果图，如图9-3所示。

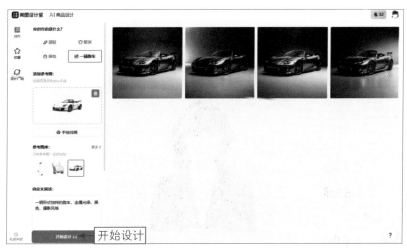

图 9-3　生成相应的产品效果图

9.3 用AI做图像处理变现

　　AI图像处理涉及多种技术，包括但不限于图像增强、风格转换、物体识别与背景移除等。利用AI技术不仅能够提升图像处理的效率，还能创造出使用传统方法难以达到的艺术效果。目前，市场上存在许多AI图像处理工具，它们利用先进的算法简化了图像编辑过程，使得人们无须掌握专业的图像处理技能，也能创造出高质量的图像内容。

　　下面以美图设计室为例，介绍用AI做证件照的操作方法。

　　步骤01 进入美图设计室平台首页，在"图像处理"选项区中单击"证件照"按钮，如图9-4所示。

图 9-4　单击"证件照"按钮

　　步骤02 执行操作后，进入"美图证件照"页面，上传一张人物照片，设置照片底色、照片尺寸等参数，还可以使用超清美颜、智能补光和换服装等功能，设置完成后，即可自动生成相应的证件照，效果如图9-5所示。

图 9-5　生成相应的证件照效果

作为副业，个人可以为客户提供个性化的图像处理服务，如证件照制作、婚纱照片处理、个性化壁纸制作、人物写真图像处理等。总之，AI图像处理是一个充满机遇的副业领域，通过利用各种AI图像处理工具，个人可以在图像编辑领域内创造独特的价值，并实现经济上的回报。

9.4　用AI做LOGO设计变现

扫码看视频

随着创业热潮的来临，新企业对LOGO设计的需求不断增加。AI LOGO设计不仅简化了设计流程，还为非专业设计师提供了进入创意设计领域的可能。个人可以为需要个性化LOGO设计的小企业提供定制服务，并按项目收费。另外，也可以在淘宝、闲鱼等平台上接单，为客户提供LOGO设计服务。

AI LOGO设计作为一个副业项目，不仅技术门槛低，而且市场需求大，收益方式多样。通过利用AI工具，个人可以在保持日常工作的同时，开辟新的收入来源。前面的章节中曾简单介绍过使用Midjourney生成LOGO的方法，下面将以美图设计室为例，详细阐述如何运用AI技术进行更加个性化的LOGO设计，具体操作方法如下。

步骤01 进入美图设计室平台首页，在"智能工具"选项区中单击AI LOGO按钮，如图9-6所示。

图9-6　单击AI LOGO按钮

☆ 专 家 提 醒 ☆

LOGO设计是为商品、企业、网站等设计具有代表性的视觉符号的行为。一个优秀的LOGO能够作为品牌的视觉标志，帮助消费者快速识别和记住品牌，传递品牌的核心价值和个性。新企业的成立、品牌的升级换代、产品的推广都需要专业的LOGO设计。此外，随着数字化和互联网的发展，LOGO设计的应用场景更加广泛，包括网站、移动应用和社交媒体等，这也进一步增加了市场对LOGO设计的需求。

步骤02 执行操作后，进入"AI LOGO设计"页面，输入相应的LOGO名称和文字描述，并适当设置LOGO的类型和风格，单击"开始设计"按钮，AI会根据输入的信息自动生成多个LOGO设计方案，效果如图9-7所示。

图 9-7　生成多个 LOGO 设计方案

9.5　用AI做艺术字设计变现

扫码看视频

随着个性化内容的流行，市场对独特艺术字的需求不断增长。AI工具可以快速生成具有个性化和艺术性的文字效果，这不仅提高了设计效率，还降低了创作的技术门槛。

AI艺术字设计作为一个副业项目，具有低门槛、高效率和灵活自由的特点。个人可以为客户提供个性化的艺术字设计服务，如宣传文案、户外广告语和祝福语等，并按项目收费。

例如，"艺术字"功能是文心一格的一项特色服务，它可以生成个性化的艺术字效果。利用"艺术字"功能，只需输入文字描述，AI会根据这些描述自动生成具有特定风格和视觉效果的艺术字体。"艺术字"功能不仅适用于个人娱乐，也适用于商业广告、品牌设计和社交媒体内容创作等多个领域。

进入文心一格的"AI创作"页面，切换至"艺术字"选项卡，可以生成中文或字母形式的艺术字。输入相应的中文文字（支持1～5个汉字），在下方输入相应的字体创意提示词，并设置"影响比重"（可以影响字体的填充和背景效果）、"比例"（如方图、竖图或横图）、"数量"（设置AI的出图数量）等参数，单击"立即生成"按钮，即可生成艺术字，效果如图9-8所示。

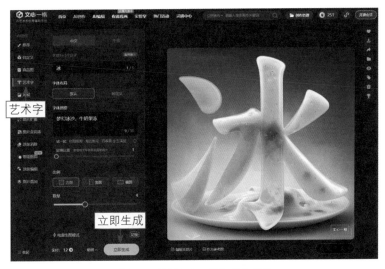

图 9-8　使用文心一格生成艺术字

9.6　用AI做照片修复变现

扫码看视频

AI技术在照片修复领域的应用为个人提供了一个新的副业创业机会。利用AI工具，即使是没有专业照片编辑技能的人也能修复旧照片，满足人们对怀旧和保存记忆的需求。

AI工具可以自动分析照片，并执行修复任务，如去除划痕、着色、调整亮度和对比度等。例如，智能修复老照片是一款基于AI图像生成技术，集合了老照片修复、黑白照片上色、模糊人像处理、图像变清晰等功能的图像处理工具，功能全面且操作简单，能够快速让老照片焕然一新，具体操作方法如下。

步骤01 进入智能修复老照片平台中的"老照片修复"页面，单击"添加图片"按钮，如图9-9所示。

图 9-9　单击"添加图片"按钮

步骤02 执行操作后，上传一张老照片原图，AI会自动对照片进行修复处理，并显示前后对比效果，如图9-10所示。

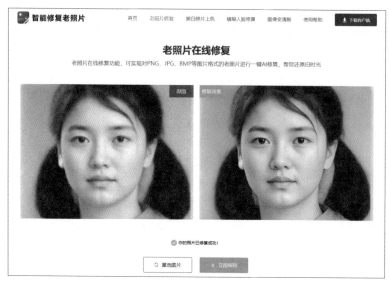

图9-10　显示前后对比效果

随着时间的推移，许多家庭都会拥有老照片，这些照片可能因各种原因而受损，人们愿意为修复这些拥有珍贵回忆的照片支付费用，因此存在一定的市场需求。AI照片修复的收益方式多样，具体如下。

❶ 提供定制服务：根据客户需求提供个性化的照片修复服务。

❷ 在线平台销售：在Fiverr、Upwork等自由职业者平台上提供服务，或者通过个人网站和社交媒体吸引客户。

❸ 合作与联盟营销：与摄影工作室、历史研究机构等合作，提供修复服务。

9.7　用AI做配色设计变现

扫码看视频

AI配色设计是指利用人工智能技术为设计师提供色彩搭配建议，帮助他们快速生成和谐且具有视觉吸引力的配色方案。AI配色技术在设计领域中的应用，为设计师和创意爱好者提供了新的副业创业机会。

AI工具会根据人们的需求自动生成配色方案，同时还可以根据个人喜好和设计目标对AI生成的配色方案进行调整。例如，Adobe Color是Adobe出品的创意配色神器，广受设计师好评。下面介绍使用Adobe Color进行配色设计的操作方法。

步骤 01 进入Adobe Color平台主页，单击Create color themes（创建颜色主题）选项区中的Visit（访问）按钮，如图9-11所示。

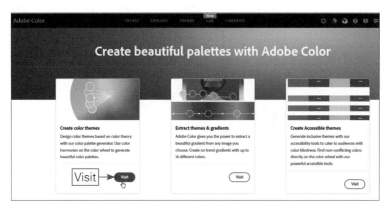

图 9-11　单击 Visit 按钮

步骤 02 执行操作后，进入CREATE（创建）页面，切换至Extract Theme（提取主题）选项卡，上传一张原图，Adobe Color会自动从图片中提取出一组配色方案，如图9-12所示，这对从自然图片或设计草图中快速获得配色灵感非常有用。

图 9-12　提取配色方案

随着设计行业的蓬勃发展，人们对快速、高效的配色设计需求日益增长，因此将AI配色设计作为副业的可行性较高。个人可以为客户提供个性化的配色设计服务，或者在设计资源网站、电商平台上销售配色方案或模板，开辟新的副业收入来源。

第10章 8个技巧，用AI办公做副业赚钱

在数字化时代，人工智能正逐渐成为提高工作效率和创造新商业机会的关键技术。AI办公工具的应用，不仅优化了日常工作流程，还为个人提供了通过副业赚钱的新途径。本章将介绍8个实用的技巧，帮助人们利用AI办公工具开展副业，获得额外的收入。

10.1 用AI数字员工替你完成工作

扫码看视频

AI数字员工，也称为智能自动化或虚拟助理，是一种利用人工智能技术模拟人类员工执行任务的软件程序。AI数字员工能够执行各种重复性的、高频且规则明确的工作流程，如数据录入、报告生成和客户服务等。

AI数字员工可以无间断地工作，大幅提升业务流程的自动化程度和处理速度。通过AI数字员工自动化完成重复性的任务，可以减少企业对传统人力资源的依赖，从而降低企业的运营成本。同时，AI数字员工还可以减少人为错误，提高工作质量，特别是在处理大量数据和进行复杂计算时。

随着企业数字化转型的加速，对AI数字员工的需求日益增长，同时AI技术的快速发展使得开发和部署AI数字员工变得更加容易。例如，科大讯飞的星火大模型数字员工是人工智能技术在企业数字化转型中的一项创新应用，这些数字员工集成了自然语言理解、多模态识别和逻辑推理等先进技术，能够模拟人类员工执行各种工作流程，从而提高企业的自动化水平和数据驱动型决策能力，如图10-1所示。

图 10-1 科大讯飞的星火大模型数字员工

利用AI数字员工作为副业赚钱的潜力巨大，尤其适合对AI技术和自动化有兴趣的个人。个人可以通过为企业提供定制化的AI数字员工解决方案，按项目收费，获得收入；同时，还可以开发AI数字员工软件或工具，通过销售或订阅模式获得收益；或者提供AI数字员工相关的咨询服务，帮助企业实现数字化转型。

10.2　用AI人力资源改变传统招聘

扫码看视频

　　AI人力资源指的是利用人工智能技术来优化和自动化人力资源管理的各个方面，包括招聘面试、员工培训、人才管理和决策制定等。AI在人力资源领域的应用正变得越来越广泛，它通过模拟人类的认知能力，如学习、解决问题和语言处理，来提高人力资源管理的效率和效果。

　　AI可以自动化处理重复性任务，如简历筛选和初步面试，释放人力资源专业人员从事更有价值的战略性工作。基于数据驱动的洞察，AI可以帮助人力资源团队做出更快速、更科学的决策。

　　随着企业对提高人力资源管理效率需求的增加，AI人力资源服务的市场也在不断扩大。AI技术的进步，使得非专业人士也能通过用户友好的工具和平台，参与人力资源管理。

　　例如，讯飞智聘是一个一站式的AI招聘管理平台，利用先进的AI技术，从发布职位、筛选简历、初步面试到最终的候选人评估，提供全流程的智能化解决方案，旨在提高招聘效率，降低成本，并确保招聘过程的公正性。图10-2所示为讯飞智聘平台上的AI虚拟面试官，能够自动完成对候选人能力的初步考察。

图 10-2　讯飞智聘平台上的 AI 虚拟面试官

　　AI人力资源作为副业赚钱的潜力巨大，尤其适合对AI技术和人力资源管理有兴趣的个人。下面是一些将AI人力资源转化为盈利副业的策略。

　　❶ 咨询服务：提供AI人力资源咨询服务，帮助企业选择合适的AI工具和解

决方案，按项目收费。

❷ 自动化工具开发：开发AI人力资源自动化工具，如智能简历筛选系统，通过销售或订阅模式获得收益。

❸ 数据分析服务：提供人力资源数据分析服务，帮助企业从员工数据中提取有价值的商业洞察。

10.3　用AI制作个人简历

扫码看视频

AI个人简历制作是指利用人工智能技术帮助求职者创建个性化、专业级别简历的服务。AI根据求职者的工作历史、技能和求职目标，快速生成吸引人的简历内容。用AI制作个人简历的基本流程如下。

❶ 选择AI简历工具：选择一个可靠的AI简历制作工具，如了了简历、YOO简历、超级简历等，这些工具通常提供用户友好的操作界面和丰富的简历模板。图10-3所示为了了简历工具中的简历模板，同时还可以用AI助手完善简历内容。

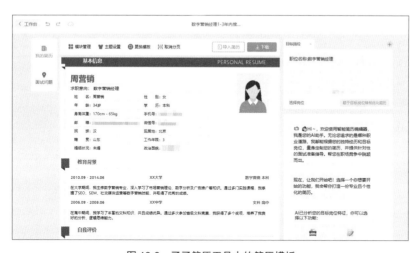

图 10-3　了了简历工具中的简历模板

❷ 输入个人信息：在AI简历工具中输入个人的基本信息，包括姓名、联系方式、教育背景和工作经验等。

❸ 技能和经验分析：AI简历工具会分析求职者的技能和工作经验，提供个性化的简历内容建议，突出求职者的核心竞争力。

❹ 智能排版和设计：AI简历工具将根据所选模板自动进行智能排版和设计，确保简历的专业性和视觉吸引力。

❺ AI内容优化：利用AI简历工具的文本分析能力，优化语言表达，提高简历的关键词优化，以通过招聘管理平台（Applicant Tracking Systems，ATS）。

❻ 反馈和迭代：根据AI提供的建议和评分，不断迭代和完善简历内容。

一个制作精良的简历，可以展现出求职者的专业形象和对细节的关注，并显著提高求职者获得面试的机会。随着求职市场竞争的加剧，对专业简历制作的需求不断增长。AI简历工具可以快速生成简历，节省求职者的时间。

AI技术简化了简历制作流程，通过AI技术，个人简历制作可以成为一种有吸引力的副业选择，尤其适合对写作、设计和人力资源有兴趣的个人。个人可以为客户提供个性化的AI简历制作服务，并按项目收费。另外，还可以设计并销售简历模板，为求职者提供便捷的简历制作方案，或者提供收费的简历优化和求职策略咨询服务。

10.4 用AI做Xmind思维导图

扫码看视频

利用AI技术制作Xmind思维导图是一种行之有效的副业赚钱方式，它结合了人工智能的便捷性和Xmind工具的专业性，为用户提供了一个高效、智能的思维导图制作解决方案。

如Boardmix或Xmind Copilot等都是集成了AI功能的Xmind思维导图工具，只需输入想要转化为思维导图的主题，AI工具将根据输入的信息自动生成思维导图结构。另外，使用文心一言中的E言易图或TreeMind树图等插件，也可以快速生成思维导图，效果如图10-4所示。

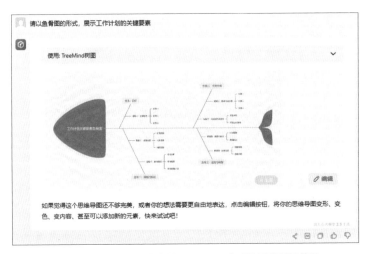

图 10-4　利用文心一言中的 TreeMind 生成的思维导图效果

思维导图可以帮助用户以图形化的方式组织和展示复杂的信息和思路。企业和个人经常需要思维导图来梳理项目规划、学习资料等，存在较大的市场需求。AI的辅助降低了技术门槛，使得没有专业设计背景的个人也能提供思维导图制作服务。

通过AI技术，个人可以更高效地制作Xmind思维导图，并将其作为一项副业来赚钱。例如，可以为客户提供定制化的思维导图制作服务，并按项目收费。另外，也可以设计并销售思维导图模板，为需要快速制作导图的客户提供便利。

10.5 用AI进行Excel数据处理

扫码看视频

用AI进行Excel数据处理，是指利用人工智能技术来自动化和优化Excel电子表格中的数据，对数据进行管理和分析，这种方法可以显著提高处理大量数据的效率，减少人为错误，并为复杂的数据分析任务提供智能解决方案。

首先需要选择一款专为Excel设计的AI工具，如Excel Labs、CHATEXCEL等，它们基于AI技术提供智能数据填充、图表生成、数据分析和预测等功能，如图10-5所示。

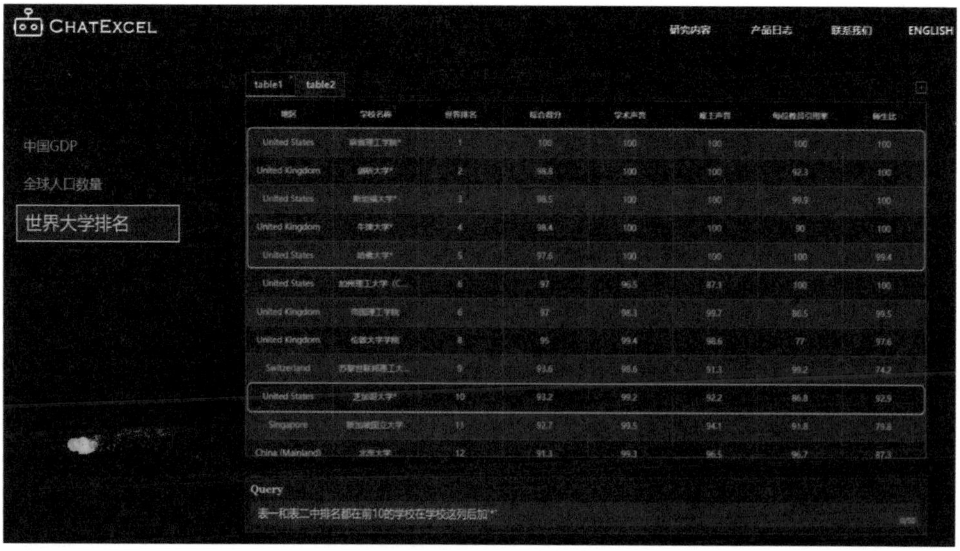

图 10-5 CHATEXCEL 工具

在Excel中输入数据后，AI可以自动识别数据类型，并利用生成式AI技术对数据进行填充和格式化。根据输入的数据，AI可以自动生成各种类型的图表，如柱状图、折线图和饼图等，并推荐最合适的图表类型。AI还可以自动对数据进行深度分析，提供分析报告，帮助人们了解销售趋势、客户分布等关键信息。

在办公应用中，很多企业和个人经常需要对数据进行分析和处理，市场需求非常大。AI工具简化了数据处理流程，降低了技术门槛，使得非专业人士也能高效地进行数据分析。

AI技术在Excel数据处理中的应用为个人提供了一个新的副业方向，尤其适合对数据分析和人工智能技术有兴趣的个人。个人可以通过为客户提供定制化的AI数据处理服务，按项目收费。

10.6 用AI做工作汇报PPT

扫码看视频

AI技术在演示文稿制作中的应用正变得越来越广泛，它能够帮助用户快速生成工作汇报PPT，提升工作效率，同时也为个人提供了通过副业赚钱的新机会。

选择一个适合的AI演示文稿工具，如Microsoft Office的PowerPoint Designer、Adobe Spark、Beautiful.AI及文心一言中的PPT助手等。在AI工具中输入工作汇报主题和关键内容，AI将根据这些信息自动生成PPT的大纲和内容。下面以文心一言为例，介绍用AI做工作汇报PPT的操作方法。

步骤01 进入文心一言的"对话"页面，在"选插件"（选择插件后名称会变为已选插件）列表中选中"PPT助手"复选框，并输入相应的提示词，如图10-6所示，该插件可以帮助用户一键生成精美的PPT。

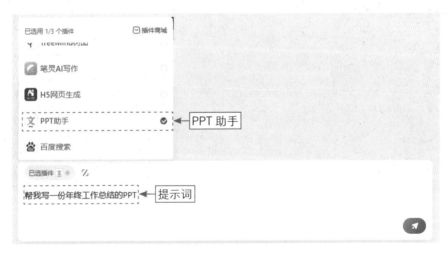

图 10-6　选择插件并输入相应的提示词

步骤02 单击 按钮，即可调用PPT助手来生成相应的演示文稿，效果如图10-7所示。单击"查看文件"按钮，可以在线预览和编辑演示文稿，但如果用户需要导出文件，必须开通百度文稿会员。

图 10-7 生成相应的演示文稿

AI工具可以大幅节省从零开始制作PPT的时间，提高工作效率。同时，AI工具提供的创新设计和布局选项，可以使工作汇报PPT更加吸引人。

如今，许多办公人士和企业都需要高质量的工作汇报PPT，但缺乏相应的设计技能或时间，AI工具的易用性使得没有专业设计背景的个人也能提供PPT制作服务。作为副业，个人可以通过为客户提供个性化的AI工作汇报PPT制作服务，按项目收费，为副业赚钱提供了巨大的潜力和机会。

10.7 用AI自动处理工作文档

AI自动处理工作文档是指利用人工智能技术来自动化执行与文档相关的任务，如内容分析、数据提取和格式转换等，有助于提高工作效率和准确性。市场上有许多AI文档处理工具，例如PDFlux、万兴PDF及文心一言中的览卷文档等，它们能够基于文档完成摘要、问答和创作等任务。

人们可以将需要处理的文档上传到AI工具中，通过自然语言输入或特定的指令告诉AI工具需要执行的任务，比如提取表格数据或总结文档内容。AI将自动执行指定的任务，并提供处理结果。图10-8所示为使用文心一言中的览卷文档提炼出的PDF中的摘要信息。

扫码看视频

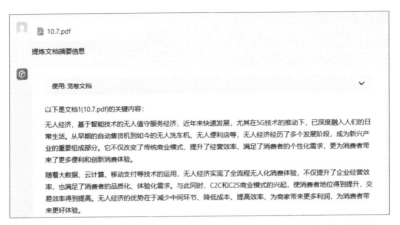

图 10-8　使用文心一言中的览卷文档提炼出的 PDF 中的摘要信息（部分内容）

利用AI工具可以快速处理大量文档，节省人力和时间，同时还可以减少人为错误，提高数据处理的准确性。另外，AI还能够执行复杂的分析任务，提供深入的见解。企业和个人经常需要处理大量文档，因此AI文档处理工具有广阔的市场。AI技术简化了文档处理流程，降低了技术门槛。

作为副业，个人可以为客户提供个性化的AI文档处理服务，可以项目收费；或者开发AI文档处理工具，通过销售或订阅模式获得收益。

10.8　用AI写代码和开发程序

扫码看视频

用AI写代码和开发程序是当前软件开发领域一个创新的方向，它通过人工智能技术辅助或自动化编程任务，提高开发效率和质量。市场上有多种AI编程工具，如通义灵码、GitHub Copilot、CodeGeeX、CodeWhisperer等，它们能够理解开发者的编程意图，提供代码自动生成和补全服务。

例如，通义灵码是由阿里云推出的一款先进的智能编程辅助工具，它基于通义大模型构建，提供了一系列强大的功能，包括实时的行级和函数级代码续写、直接从自然语言描述生成代码、自动生成单元测试、代码优化建议、自动注释、代码解释、智能研发问答及异常报错的快速排查等，如图10-9所示。

此外，通义灵码还特别针对阿里云服务的使用场景进行了优化，以帮助开发者实现更高效、更流畅的编码体验。人们可以利用AI编程助手的自然语言处理能力，通过描述功能需求，让AI生成相应的代码片段或完整的函数。AI工具还能帮助人们进行代码审查，提出优化建议，甚至自动进行代码重构，提升代码质量。

图 10-9　通义灵码智能编程辅助工具

随着技术的发展，人们对软件开发的需求日益增长，AI编程助手能够满足人们快速开发的需求。AI工具的易用性，使得没有专业编程背景的个人也能参与到软件开发中。作为副业，个人可以为客户提供定制化的AI编程服务，并可以按项目收费。

第 11 章　7 个技巧，用 AI 电商做副业赚钱

　　如今，很多人将电商作为副业，获得额外的收入。而 AI 技术的融入，不仅能够提升用户体验，还能优化运营效率，开辟个性化营销的新途径。本章将介绍 7 个实用的技巧，帮助人们利用 AI 技术在电商领域开展副业，并将其转化为一个可持续且能获得盈利的项目。

11.1　用AI写产品营销文案

利用AI的自然语言处理能力和机器学习算法分析大量的市场数据和消费者行为，可以生成既精准又吸引人的营销文案。大家可以将AI文案创作服务作为一项有利可图的副业来经营，随着客户基础的增长和服务质量的提升，这项副业有可以作为可观的收入来源。

下面以文心一言为例，介绍用AI写产品营销文案的操作方法。

步骤01 进入文心一言的"对话"页面，输入相应的提示词，如图11-1所示，在提示词中明确指出希望AI扮演的角色身份，这有助于AI理解并模拟该领域专家的专业知识和经验。

图11-1　输入相应的提示词

步骤02 单击 按钮，即可生成如下内容，AI会作为产品运营人员，为特定的产品写出专业的营销文案。

> iPhone 15：超越想象，未来已至
>
> 一、视觉革命：屏幕与你的视界共舞
>
> 在iPhone 15上，我们引入了全新的XXK Super Retina XDR显示屏。这块屏幕不仅分辨率高达惊人的XXXX×XXXX像素，更融入了先进的色彩校准技术，让每一帧画面都如艺术品般细腻。无论是观看影片、浏览照片，还是玩游戏，iPhone 15都能带给你前所未有的视觉盛宴。
>
> 二、智能新境：AI与你的心灵共鸣
>
> iPhone 15搭载了最新一代的Neural Engine芯片，配合深度学习的AI算法，让手机变得更加智能。从智能识别场景、自动调整相机参数，到智能推荐音乐、预测你的日常需求，iPhone 15都能轻松胜任。它不仅是你的通信工具，更是你生活中的得力助手，与你的心灵共鸣。
>
> 三、耐用至极：品质与时间的赛跑
>
> 我们深知一部好的手机不仅要有强大的性能，更要有出色的耐用性。因此，iPhone 15采用了XX系列航空级铝合金材料打造，坚固而轻盈。同时，

我们还特别加强了手机的防水、防尘功能，无论是在大雨中行走，还是在沙滩上玩耍，iPhone 15都能为你保驾护航。更值得一提的是，我们还提供了长达XX年的硬件保修服务，让你买得放心，用得安心。

iPhone 15，一部集视觉革命、智能新境、耐用至极于一身的智能手机，它不仅是科技的结晶，更是我们对未来的探索与追求。现在就来体验iPhone 15带来的无限可能吧！

11.2 用AI做店铺客服

扫码看视频

AI客服系统可以提供全天候的不间断服务，极大地提升了客户的满意度和店铺的运营效率。下面是一些通过AI客服作为副业赚钱的策略。

❶ 自动化客服系统：开发或集成AI客服系统，为电商平台或在线店铺提供自动化的客户咨询服务，减少人力成本。

❷ 个性化购物体验：通过AI分析客户数据，提供个性化的购物建议和优惠信息，提升客户黏性。

❸ 实时聊天支持：部署AI聊天机器人，为网站访客提供实时的咨询服务，提升客户体验。

❹ 多语言支持：利用AI的自然语言处理能力，为不同语言背景的客户提供服务，拓宽服务范围。

❺ 情感分析：通过AI进行情感分析，识别并响应客户的情绪状态，提供更贴心的服务。

❻ 售后支持：使用AI系统自动化处理常见的售后问题，如退换货、订单查询等，提高处理效率。

❼ 客户反馈分析：收集客户与AI客服的互动数据进行分析，为店铺提供改进服务的依据。

❽ 培训和教育：提供AI客服系统的培训和教育服务，帮助企业更好地利用AI技术提升客服质量。

❾ 技术支持与维护：为企业AI客服系统提供技术支持和维护服务，确保系统稳定运行。

❿ API接入服务：为有特殊需求的企业提供定制化的AI客服API接入服务，满足个性化需求。

通过这些方法，AI客服不仅可以作为一项副业带来收入，还能帮助提升企业或店铺的整体服务质量和市场竞争力，同时为个人提供更多的商业机会。

11.3　用AI做电商模特图

扫码看视频

在电商领域，模特图是展示产品的关键元素之一，精美的产品图片和模特形象往往是吸引用户注意力的关键因素。但是，传统的模特拍摄通常需要高昂的成本和烦琐的流程，对许多中小型企业来说，这是一项巨大的负担。

人们可以通过AI快速生成高质量的电商模特图，这不仅极大地提升了效率，还降低了成本。利用如Stable Diffusion、美图设计室等AI工具，可以为商家提供快速的模特图生成服务。

Stable Diffusion利用深度学习和图像生成技术，可以快速生成高质量的模特图片，大大降低了拍摄成本和时间。通过调整提示词和模型，Stable Diffusion可以生成不同风格、造型和环境下的电商模特图，满足不同产品的个性化展示需求，效果如图11-2所示。

图 11-2　电商模特图效果

下面以Stable Diffusion为例，介绍用AI做电商模特图的操作方法。

步骤 01 进入"图生图"页面，选择一个写实类的大模型，输入相应的提示词，描述画面的主体内容并排除某些特定的内容，同时在其中添加一个用于生成小清新画风的LoRA模型参数，提高模特的表现力，如图11-3所示。

图 11-3　输入相应的提示词

步骤02 切换至"上传重绘蒙版"选项卡，上传相应的首饰原图（作为产品底图）和蒙版（用于控制AI的绘画区域），如图11-4所示。

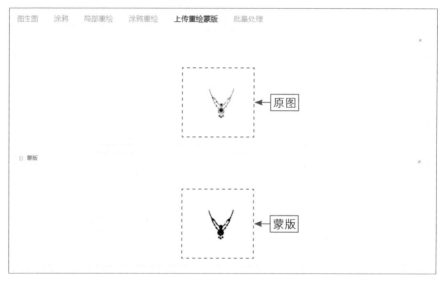

图 11-4　上传相应的原图和蒙版

步骤03 在页面下方设置"采样方法（Sampler）"为DPM++ 2M、"重绘幅度"为0.95，让图片产生更大的变化，同时将重绘尺寸设置为与原图一致，如图11-5所示。

步骤04 展开 ControlNet 选项区，在 ControlNet Unit 0 选项卡中选中"上传独立的控制图像"复选框、"启用"复选框（启用 ControlNet 插件）、"完美像素模式"复选框（自动匹配合适的预处理器分辨率）、"允许预览"复选框（预览预处理结果），上传首饰原图，在"控制类型"选项区中选中"Canny（硬边缘）"单选按钮，并运行预处理器，生成线稿图，用于固定首饰的样式不变，如图 11-6 所示。

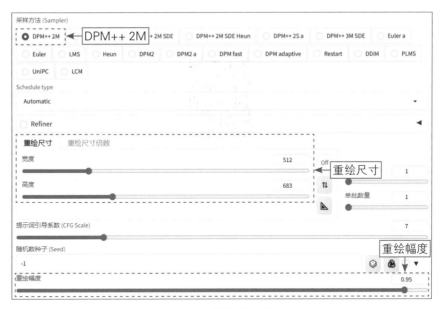

图 11-5 设置相应参数

图 11-6 生成线稿图

步骤 05 切换至ControlNet Unit 1选项卡，选中"上传独立的控制图像"复选框、"启用"复选框、"完美像素模式"复选框，上传人物姿势图，并设置"模型"为control_openpose-fp16 [9ca67cc5]，用于固定人物的动作姿势，如图11-7所示。

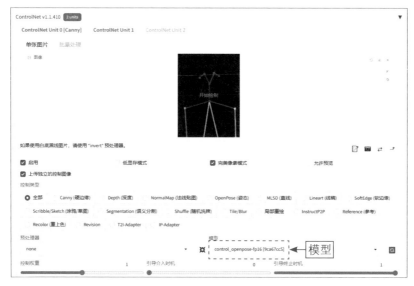

图 11-7　设置"模型"参数

步骤06 单击两次"生成"按钮，即可生成相应的AI模特，效果见图11-2。

11.4　用AI写电商软文

扫码看视频

　　电商软文是一种营销策略，它指的是在互联网上，特别是在电子商务平台上，发布的一种软性广告文本。电商软文通常以文章、故事、评论或教程的形式出现，旨在以非直接的方式推广产品或服务，同时提供有价值的信息或讲述吸引人的故事，以吸引潜在的客户并促进销售。

　　随着电商行业的蓬勃发展，人们对高质量内容的需求日益增加。作为副业，电商软文写作允许灵活的工作时间和地点，适合希望平衡工作和生活的人。AI的加入，不仅极大地提升了软文写作的效率，还为个人提供了通过副业赚钱的新途径。下面是一些利用AI技术进行电商软文创作并实现副业盈利的策略。

　　❶ 稿费：为电商平台或品牌撰写软文，可以直接获得稿费。

　　❷ 流量变现：通过软文吸引流量，并通过广告、联盟营销等方式变现。

　　❸ 知识付费：教授电商软文的写作技巧，通过在线课程实现知识付费。

　　❹ 销售提成：如果软文能够直接带动产品销售，还可能获得销售提成。

　　❺ 建立个人品牌：从长期来看，通过电商软文建立个人品牌，可以开辟更多的商业机会和收入来源。

　　下面以文心一言为例，介绍用AI写电商软文的操作方法。

步骤01 进入文心一言的"对话"页面，输入相应的提示词，如图11-8所示，这样的提示词可以引导AI进入专家角色，并展开一段深入且专业的对话。

图 11-8　输入相应的提示词

步骤02 单击 按钮，即可生成如下内容，AI会作为专业的营销人员，为特定的产品写出吸引人的电商软文。

> 遇见智能音箱，遇见更懂你的家
>
> 在繁忙的都市生活中，我们总是渴望找到一些简单而美好的事物，为生活增添一丝温馨与惬意。而最近，我偶然间邂逅了一位家中的"新成员"——智能音箱，它仿佛拥有魔法，让我重新定义了家的感觉。
>
> 记得那天，阳光透过窗户洒在温馨的客厅，我轻轻呼唤一声，家中的灯光便自动调整到最舒适的亮度，空调也随即调到适宜的温度。这一切，都归功于那位"新成员"——智能音箱。它不仅仅是一个音箱，更是一个了解你、懂你的好帮手。
>
> 每当下班回家，我总是喜欢听一段轻音乐，放松身心，而智能音箱总能准确地捕捉到我的需求，为我播放出最合心意的旋律。除此之外，它还能帮我查询天气、设置提醒、播放新闻……它就像一位贴心的朋友，无微不至地关怀着我。
>
> 不仅如此，智能音箱还是家中的小助手。当我在厨房忙碌时，它可以帮我控制烤箱的温度和时间；当我在客厅休息时，它可以帮我打开电视、调整音量……它的存在，让家变得更加温暖、更加舒适。
>
> ……（略）

11.5　用AI制作商品图片

扫码看视频

商品图片是电子商务中用于展示和销售产品的关键视觉元素，不仅能够吸引消费者的注意力，还提供了有关产品外观、功能和使用场景的重要信息。在竞争激烈的电商市场中，高质量的商品图片对于吸引潜在的消费者、提高转化率和增加销售额至关重要。随着电商平台的兴起，对于专业商品图片的需求不断增长。

AI图片生成工具的出现，使得即使没有专业设计背景的个人也能制作出专业的商品图片。例如，利用美图设计室平台中的"AI商品图"功能，可以快速且高效地制作商品图片，具体操作方法如下。

步骤01 进入美图设计室平台首页，在"AI商拍"选项区中单击"AI商品图"按钮，如图11-9所示。

图 11-9　单击"AI 商品图"按钮

步骤02 执行操作后，进入"商品图"页面，单击右侧的"上传图片"按钮，如图11-10所示。

图 11-10　单击"上传图片"按钮

步骤03 执行操作后，上传一张商品原图，选择相应的背景效果，单击"去生成"按钮，如图11-11所示。

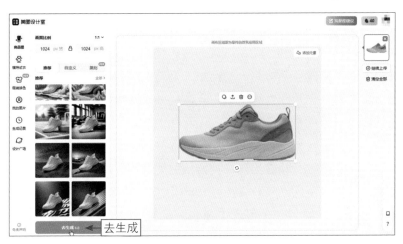

图 11-11　单击"去生成"按钮

步骤04 执行操作后，即可生成多张商品图片，效果如图11-12所示。

利用AI技术，个人可以以较低的成本和较高的效率进入商品图片制作领域，将其作为一项有潜力的副业来赚钱。作为副业，人们可以利用AI工具通过提供商品图片的定制设计服务、模板销售和合作分成等多种方式获得收益，具体如下。

❶ 服务费用：为客户提供个性化的商品图片设计服务，按项目收费。

❷ 模板销售：设计并销售可重复使用的商品图片模板。

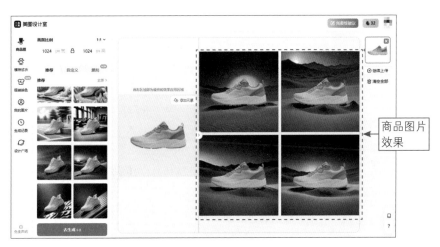

图 11-12　生成多张商品图片

❸ 合作分成：与电商平台合作，通过销售提成获得收益。

❹ 广告和赞助：在社交媒体上展示作品，吸引广告商和赞助商。

11.6 用AI进行SEO优化

扫码看视频

搜索引擎优化（Search Engine Optimization，SEO）是一种网络营销策略，目的是通过调整和优化网站的内容、结构及外部链接等，提升网站在搜索引擎中的自然排名，从而增加网站的流量和曝光度。SEO的核心在于使搜索引擎更容易理解和整理网站内容，提升网站排名，进而吸引更多用户的关注和访问。

优化后的网页更容易被搜索引擎发现和推荐，有助于提高品牌或产品的在线可见度。同时，高排名意味着当用户搜索相关关键词时，网站将更频繁地出现，自然会增加访问量，良好的SEO实践可以为网站带来持续的流量和潜在的客户。

随着互联网的发展，几乎每家电商企业都需要SEO服务来提高其在线可见度。AI工具可以帮助人们简化SEO过程，如关键词分析、内容优化建议等，同时可以通过提供咨询服务、管理SEO项目、销售SEO工具等多种方式获得收益，具体如下。

❶ 服务费用：为客户提供SEO咨询服务，按项目或按时间收费。

❷ 被动收入：开发并销售SEO工具或软件，如关键词分析工具。

❸ 内容创作：撰写与SEO相关的文章或教程，通过内容平台或博客赚钱。

❹ 广告收入：通过SEO优化提高网站流量后，利用广告或联盟营销赚取收入。

❺ 销售提成：帮助电商网站提升排名和销量，从中获得销售提成。

以利用AI进行SEO优化作为副业，可以通过AI工具提高工作效率，同时为客户提供高质量的服务。例如，使用AITDK可以自动生成网站标题、详情描述和优化关键词，特别适合缺乏专业文案团队的中小商家，如图11-13所示。

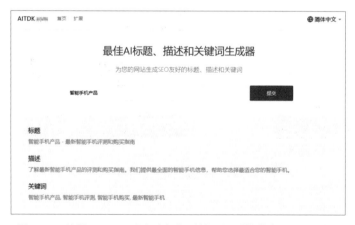

图 11-13 使用 AITDK 可以自动生成网站标题、详情描述和优化关键词

11.7　用AI生成电商视频

电商视频是指专门用于电商平台上展示和推广商品的视频，它们通常短小精悍、富有创意，能有效吸引用户的注意力并激发其购买欲望。这类视频的时长通常在30秒～2分钟，通过生动、直观的展示，使用户快速了解产品特性和使用方法，是电商营销的重要工具。

电商视频提供了比图文更丰富的信息，能够帮助用户全方位地了解产品，提升用户体验。同时，电商视频能够更有效地吸引用户的注意力，增加用户在平台停留的时间，从而提高购买转化率。

随着移动互联网的普及，用户越来越偏好通过视频获取信息，电商视频迎合了这一趋势。AI技术的发展使得视频制作变得更加简单，即使是没有专业背景，也能快速上手制作电商视频，同时人们还可以通过提供定制视频服务、销售视频模板等多种方式获得收益，具体如下。

❶ 服务费用：为客户提供定制化的电商视频制作服务，按项目或按时间收费。

❷ 内容创作收益：在视频平台发布电商视频，通过平台的广告分成或联盟营销获得收益。

❸ 视频模板销售：设计并销售可重复使用的电商视频模板，为电商平台中的商家提供便捷的视频制作方案。

将利用AI生成电商视频作为副业，不仅能够降低制作成本，还能够提高工作效率，为个人带来可观的额外收入。例如，即创是抖音推出的一站式电商智能创作平台，旨在通过AI技术提升短视频和直播的创作效率。即创平台集成了视频创作、图文创作和直播创作3大功能，如图11-14所示，利用人工智能来节省创作成本和时间，满足短视频和抖音电商从业者的多样化创作需求。

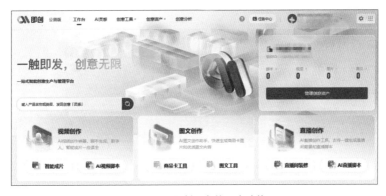

图 11-14　即创平台的 3 大功能

其中，"视频创作"中的"智能成片"功能利用AI生成脚本、视频、数字人和配音，快速生成可用的电商视频短片；AI视频脚本功能则通过自由选择行业类别，并设置商品信息、推广场景和产品卖点等，输出短视频脚本，如图11-15所示。生成合适的视频脚本后，单击右下角的"快速成片"按钮，即可一键生成电商视频。

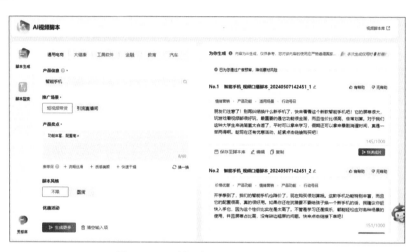

图 11-15 即创平台的 AI 视频脚本功能

第 12 章 8 个技巧，用 AI 运营做副业赚钱

在新媒体时代，内容的传播速度和影响力是前所未有的。随着人工智能技术的飞速发展，它已成为新媒体运营中不可或缺的一部分。本章将深入介绍如何利用 AI 技术在新媒体运营领域开辟副业，全方位地提升人们的新媒体运营能力，并获得盈利。

12.1　用AI做科技热点号运营变现

在新媒体的浪潮中，科技热点号以其独特的视角和内容形式，正成为吸引大众眼球的一股新兴力量。科技热点号通常采用"素人视角"，即用手机以第一人称视角拍摄，生动地展示AI技术的最新进展和创新应用场景，相关示例如图12-1所示。这种接地气的表达方式能够迅速拉近与用户的距离，激发他们的兴趣和好奇心。

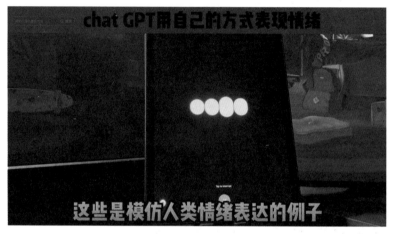

图 12-1　科技热点号的内容示例

科技热点号因其内容的独特性和新颖性，往往能够在短时间内吸引大量的粉丝关注，成为AI相关账号中流量的佼佼者。随着粉丝基数的增长，科技热点号的变现潜力也随之增大。账号运营者可以通过多种方式获得收益，比如与自己或他人的产品进行合作，将粉丝流量转化为实际的经济效益。

为了更好地运营AI科技热点号并实现变现，账号运营者需要不断探索和尝试新的运营策略，包括但不限于以下几个方面。

❶ 内容创新：持续跟踪AI领域的最新动态，创作出有深度、有趣味的内容，保持内容的新鲜感和吸引力。

❷ 互动增强：通过互动问答、直播等形式，增加运营者与粉丝的互动，提高粉丝的黏性。

❸ 合作联动：寻找与AI科技热点相关的产品或服务进行合作，通过内容植入、广告推广等方式实现变现。

❹ 数据分析：利用数据分析工具，了解粉丝的偏好和行为模式，优化内容策略和运营方向。

❺ 技术应用：运用AI技术，如自动生成视频、智能推荐系统等，提高内容生产的效率和质量。

❻ 品牌建设：通过高质量的内容和专业的运营，逐步建立和提升科技热点号的品牌形象。

❼ 多平台运营：在多个新媒体平台上同步运营科技热点号，扩大影响力，吸引更多的粉丝。

❽ 持续学习：不断学习新媒体运营和AI技术的最新知识，保持自身的竞争力。

通过上述策略的实施，AI科技热点号的运营者可以更有效地吸引和维护粉丝，实现账号的长期稳定发展，并在新媒体副业蓝海中找到属于自己的变现之路。

12.2 用AI做头像壁纸号运营变现

在新媒体的浪潮中，AI技术的应用为头像壁纸号的运营提供了新的思路和变现途径。头像壁纸号作为新媒体领域的一个细分市场，因其低成本、易操作的特性，正逐渐成为热门的新媒体运营副业项目。

扫码看视频

人们对个性化头像和壁纸的需求始终存在，这使得头像壁纸号成为一个长期且稳定的运营选项。随着AI绘画技术的兴起，创作个性化头像壁纸变得更加简便，无须复杂的版权处理或手工绘制，仅通过AI软件即可生成，相关示例如图12-2所示，大大降低了入行门槛。

图 12-2 用 AI 生成的个性化头像壁纸示例

AI头像壁纸号的变现模式如下。

❶ 平台挂载与广告收益：通过将头像壁纸号挂载在用户基数大、流量丰富的平台上，可以吸引更多的用户关注和使用。例如，利用小程序作为平台，通过评论区或主页引导用户搜索特定小程序并输入口令来下载高清原图，或者使用小程序来制作AI头像，相关示例如图12-3所示。用户在下载高清原图的过程中会观看广告，也能够为运营者带来广告收益。虽然单次收益不高，但通过增加账号数量和提高作品流量，可以大幅提升总体收益。

图 12-3 平台挂载示例

❷ 私人定制服务：当头像壁纸号的内容足够吸引人时，部分用户可能会产生定制个性化头像的需求。运营者可以在平台上展示私人定制服务，或者通过微信、咸鱼、淘宝等渠道接收订单。根据用户需求，提供个性化的头像设计，这种服务的单价通常较高，可以根据服务的深度和质量来定价，从而实现更高的收益。

❸ 知识付费与教学课程：对于那些对AI绘画技术感兴趣的用户，运营者可以提供知识付费服务，包括提供关键词、资料包，或者通过视频教程和陪跑训练营等形式进行教学。这不仅能够帮助他人学习AI绘画技能，同时也可以为运营者带来额外收入，并扩大其影响力。

AI技术的融入，为头像壁纸号的运营提供了更多可能性，也为运营者带来了新的副业变现渠道。通过精准的市场定位和有效的运营策略，头像壁纸号有望成为新媒体领域的新宠。

12.3 用AI做小说推广号运营变现

在数字化内容推广的新纪元，利用AI做小说推广号已成为一种创新且高效的运营手段。通过AI生成的图像与小说内容结合，不仅提升了用户的阅读体验，而且为小说推广号开辟了新的副业变现途径。

随着AI技术的不断进步，特别是文本到图像（Text-to-Image）技术的突破，小说推广号得以通过声画匹配的方式，为用户带来更为沉浸式的体验。利用如SD（Stable Diffusion）等AI图像生成模型，可以将小说中描述的场景和人物转化为视觉图像，如图12-4所示，极大地增强了小说内容的吸引力。

图 12-4 SD 生成的小说推文图片效果

对于个人或团队运营者，清楚地了解并掌握小说推广号的运作机制是关键。创建一个小说推广号，利用AI技术生成与小说情节相匹配的图像，可以吸引更多的关注和流量。

若已有一个团队运作此项目，可以考虑通过AI技术进行内容升级。通过AI生成的图像，可以为现有内容增添视觉元素，提升用户的阅读体验，从而提高用户黏性，增强推广效果。

掌握AI图像生成技术后，可以为其他小说推广团队或个人提供外包服务。根据他们的小说内容生成相应的图像，不仅可以开辟新的收入来源，而且能在行业内建立良好的合作关系。另外，运营者也可以与小说作者或出版社建立合作关系，为其作品提供定制化的图像推广服务。

12.4　用AI做流量营销号运营变现

扫码看视频

在数字化营销的浪潮中，AI技术的应用为流量营销号的运营提供了新的动力和变现途径。例如，百家号推出的"AI共创计划"，旨在激励运营者利用人工智能技术进行内容创作，并通过平台激励机制为运营者提供收益，如图12-5所示。

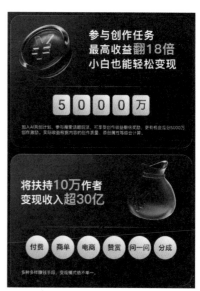

图 12-5　百家号推出的"AI 共创计划"

尽管百家号的流量相较于其他新媒体平台可能较小，但其新兴的AI创作激励为那些愿意探索新领域的运营者提供了潜在的盈利机会。利用ChatGPT和AI绘画技术，运营者可以快速生成大量内容，抓住平台激励的红利，实现流量收益。

另外，微信生态圈的流量潜力也不容小觑，尤其是公众号流量主模式，可能成为未来流量营销号的一大变现趋势。编写公众号文章可以通过ChatGPT和AI绘画技术实现快速产出，使得运营者能够同时管理多个账号，增加流量收益的机会。此外，随着公众号内容推荐机制的优化，利用引人注目的封面图片来吸引用户已成为提升阅读量的有效策略。

12.5　用AI做付费专栏运营变现

扫码看视频

在知识经济的背景下，AI技术正成为付费专栏运营的强大助力。在知识付费领域，AI技术的应用为运营者提供了多样化的变现途径，无论是通过卖课程、提供专业服务，还是运营知识社区，AI都能发挥其独特价值。通过将个人学习过程转化为可付费订阅的专栏内容，为运营者提供了一个强大的副业变现工具，相关方法如下。

❶ 个人学习内容的订阅服务：将学习内容结构化，提供文章、视频教程等，供忙碌的人士学习，相关示例如图12-6所示。例如，公众号上的付费专栏具有体量轻、交付快、操作简便的特点，运营者可以围绕一个具体项目或主题，快速切入，尝试付费内容的创作与交付。

❷ 一对一咨询服务：利用专业知识提供定制化咨询服务。例如，通过建立付费或免费的交流群，运营者可以与用户进行更直接的互动。在交流群中提供指导服务并收取一定的费用，或者提供独家的付费学习资料和资源，也能提高群的吸引力。

图 12-6　付费订阅的专栏内容示例

❸ 独家资源的付费访问：设置付费门槛，让用户获取原创研究报告、案例分析等资源。例如，运营者可以汇总网络上与AI相关的有价值的信息，整理成文档，并在飞书等平台上进行传播，相关示例如图12-7所示。通过全网渠道的推广，吸引更多用户访问并转化为付费订阅者。

❹ 构建付费社区：创建主题社区，提供资源共享、交流的平台，并定期更新学习内容。例如，知识星球作为一个知识共享平台，其内容的更新对运营者来说可能存在挑战。运营者可以借鉴其他成功的知识星球案例，结合自身特色，打造个性化的知识社区。

图 12-7 飞书上的 AI 信息文档示例

在实施上述变现策略时，运营者需要关注内容的价值，满足订阅者的需求，并建立和维护好与订阅者的信任关系，这些都是至关重要的。同时，运营者还需要不断地学习和提升自身的能力，确保内容的持续、高质量输出，从而获得更加稳定的收入。

12.6 用AI写付费问答内容赚钱

扫码看视频

在互联网时代，人们获取各种知识变得更加容易，人们不仅可以非常方便地上网搜索各种问题的答案，同时还可以通过一些问答互动类知识付费平台获得更加专业和深入的答案。面对人们日益剧增的渴望知识的需求，应运而生了这种"付费问答"的副业变现模式。

在日常工作和生活中，很多人都会遇到一些困惑，人们都习惯在互联网上找答案，如果有人能够给他们提供专业的答案，不仅会受到他们的关注，而且还会获得他们的付费和打赏。因此，对于有专长的运营者，也可以入驻一些"付费问答"平台来实现内容变现，如百度知道、在行、知乎、知了问答及微博问答等，虽然这些平台的运营模式基本类似，但也有各自的特色。

简单来说，"付费问答"就是"花钱买答案"，答案的领域多种多样，只要熟知某个行业或某个知识领域，都可以成为"答主"，去帮助有需求的用户解决一些问题，同时获得相应的收益。付费问答可以沉淀大量的新知识，并且能够聚集高度活跃的用户，是可行度较高的副业变现路径。

如今，在AI技术的辅助下回答用户提问变得更加高效，这不仅提升了运营者与用户的互动体验，还增强了用户的忠诚度。通过AI工具，运营者能够快速生成准确且有深度的回答，从而在问答平台上建立专业、可靠的形象。除了提高互动效率，AI辅助问答还为运营者开辟了新的收益渠道。通过设置付费提问机制，运营者可以为其专业知识和高质量回答定价，从而实现知识的变现。

在问答平台上，利用AI工具搜索热点问题，尤其是那些观看次数多而回答数量少的问题，可以快速吸引关注并积累粉丝。这种策略不局限于特定专业领域，而是通过多账号操作，最大化覆盖不同话题，以此实现快速吸粉。

以百度为例，传统的问答流程需要用户通过搜索引擎查找问题，再筛选答案。现在，借助ChatGPT等AI工具，用户只需提出问题，即可直接获得答案，大大节省了搜索和筛选的时间。AI提供的准确率高达95%，使得多账号操作的运营者能够在一天内赚取相当可观的收入。

例如，Microsoft Bing集成的COPILOT功能利用先进的AI技术，提供了一种更加直观和互动的搜索体验，相关示例如图12-8所示。运营者可以直接与搜索结果进行对话，AI会根据运营者的查询提供实时、个性化的回答和建议。

图 12-8 利用 Microsoft Bing 的 COPILOT 功能实现 AI 作答

"付费问答"内容变现模式适合在某个方面有专长的运营者，同时运营者还需要善于总结，能够将自己掌握的知识、技能、经验或见解与AI生成的内容相结合，总结为答案，并梳理出清晰的逻辑进行合理排版，通过图文并茂的形式写出个人的特色，真正解决用户的痛点需求，从而获得平台推荐和用户欢迎。

12.7 用AI写微头条内容赚钱

扫码看视频

相对于其他内容产品，微头条的互动性明显更强，它可以随时随地把运营者身边发生的有趣的新鲜事分享给用户，完成与他们的互动，而且这些分享是不占用头条号的正常发文篇数的。因此，运营者可以利用微头条产品功能来吸引粉丝关注，提升用户黏性，为成功实现副业变现提供更好的粉丝基础。

在内容创作领域，AI技术正逐渐成为提升创作效率和增加收益的重要工具。特别是微头条这类短内容平台，AI的应用为运营者开辟了新的盈利途径。

微头条作为一种快速传播信息的工具，虽然受到广泛关注，但其收益潜力相对有限。为了实现收益最大化，运营者可以利用AI技术将微头条内容扩展成深度原创文章，从而在今日头条等平台上获得更可观的收益，相关收益截图如图12-9所示。

除了将微头条转化为文章，运营者还可以探索将内容改编成视频，实现多渠道变现。这样，一篇微头条内容就能在文章、视频等多个平台上获得收益，最大化内容的价值。

图 12-9　今日头条平台的收益截图

AI技术在写作中的应用不仅限于自动生成文本，更在于其能够协助运营者快速捕捉热点、改写和续写内容。通过AI工具，运营者可以在短时间内生成高质量的原创文章，大幅提升写作效率。

利用AI工具，运营者可以快速识别并挖掘社会热点话题，挑选出互动率高的文章进行改写。AI工具能够帮助运营者从热门文章中提取关键句子，并基于此续写出有情感冲突和丰富情节的故事。AI技术还能够对文章进行润色，使其更加生动、接地气。通过AI的辅助，即使是新手运营者也能快速提升文章质量，使其作品更具吸引力和感染力。

除了微头条，运营者精心创作的原创文章还可以在多个内容平台同步发布，如百家号、大鱼号等，每个平台都可能为运营者带来收益。此外，使用AI工具将文章转换为视频内容，还能在视频平台获得额外的流量和收益。

12.8 用AI接平台任务拿佣金

扫码看视频

在数字化浪潮的推动下，利用互联网平台完成任务并获得收益，成为一种广受大众欢迎的赚钱方式。悬赏任务平台作为连接任务发布者和接受者的重要桥梁，为大众提供了便捷的赚钱机会。

悬赏任务平台通过互联网为大众提供了发布和接受任务的便利，使得个人能够在线上完成各种任务并获得相应的奖励。这些任务通常多样且单价不一，从几毛到几十元不等，能够在几分钟内完成，快速为运营者带来收益。

对新手而言，悬赏任务平台提供了一个低门槛的副业选择。运营者每天只需投入少量时间和精力，即可获得稳定收入。对于执行力强的运营者，通过悬赏任务平台月入数千元并非难事。下面是一些热门的线上兼职接单方式，它们为AI运营者提供了广泛的任务机会。

❶ "豆瓣稿费银行"小组：这是一个比较受欢迎的征稿平台，适合新手使用AI工具进行写作，如图12-10所示。

图 12-10 "豆瓣稿费银行"小组

❷ 拆书稿：将书籍内容拆解为多篇文章，AI工具如ChatGPT可辅助人们快速完成这一任务，投稿平台有语人读书、十点读书和静雅书院等。

❸ 调查问卷：无门槛任务，完成网上问卷即可获得报酬。

❹ 百度知道合伙人：回答问题即可获得报酬，将AI生成的答案进行润色后提交，通过率更高。

❺ 自由人写作平台：提供设计、文案等任务，收益可观。

❻ 云客服：阿里巴巴和蚂蚁云客服提供兼职岗位，工作时间灵活。

AI技术在悬赏任务平台中的应用，不仅提高了任务完成效率，也为运营者带来了更多的收益机会。例如，AI工具可以辅助运营者完成写作、设计等创意任务，大幅缩短工作时间，提升工作效率。

需要注意的是，在选择悬赏任务平台时，运营者需要考虑平台的正规性和任务的可靠性。同时，也要注意规避可能的风险，如信息安全和资金安全等。

第 13 章 8 个技巧，用 AI 摄影做副业赚钱

在数字化与视觉化的时代背景下，摄影不仅是一种艺术形式，也已成为广泛流行的社交媒体内容和商业广告的一部分。随着 AI 技术的飞速发展，AI 摄影正逐渐成为内容创作者和摄影爱好者开辟副业获得额外收入的新兴途径。

13.1 通过出售AI照片变现

扫码看视频

　　AI技术的介入使得摄影作品的创作和销售变得更加多元和便捷，摄影师可以将自己的AI摄影作品上传至各大图库网站，通过版权费赚取收益，这已成为摄影领域中一种常见的变现方式。

　　通过图库平台如图虫、500px等，摄影师可以直接将作品售卖给第三方用户或图库本身，这种模式不仅门槛低，而且操作简便，为摄影师提供了一个广泛的市场和潜在的客户群。例如，使用图虫旗下图虫创意平台上的"AI绘图"功能，摄影师可以直接生成各种类型和风格的AI照片，这一功能简化了传统摄影的复杂过程，使得摄影师能够快速创作出具有市场潜力的作品，如图13-1所示。

图 13-1　图虫创意平台的"AI绘图"功能

☆ 专 家 提 醒 ☆

　　AI技术的应用不局限于拍摄过程中的辅助，它还能够在后期制作中发挥重要作用，如智能编辑、色彩校正和图像增强等，这使得AI摄影作品在市场上更具吸引力，从而提高了作品的销售潜力。

　　在AI摄影作品的创作过程中，摄影师需要不断适应市场的变化，创作出符合大众口味的作品。同时，保持高质量的输出，建立个人品牌，也是提高作品价值和吸引用户的关键。下面以剪映App为例，介绍生成AI摄影作品的操作方法。

　　步骤01 打开剪映App，点击"AI作图"按钮，如图13-2所示。

　　步骤02 执行操作后，进入"AI作图"界面，输入相应的提示词，点击"立即生成"按钮，如图13-3所示。

图 13-2 点击"AI 作图"按钮　　　　　图 13-3 点击"立即生成"按钮

步骤03 执行操作后，进入"创作"界面，并生成4张图片，效果如图13-4所示。

步骤04 点击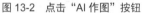按钮，弹出"参数调整"面板，设置"比例"为3∶2，让AI生成横画幅的图片，如图13-5所示。

图 13-4 生成 4 张图片　　　　　　图 13-5 设置"比例"参数

步骤05 确认后返回"创作"界面，点击"立即生成"按钮，即可再次生成4张图片，选择一张满意的图片，点击"细节重绘"按钮，如图13-6所示。

步骤06 执行操作后，即可在所选图片的基础上，对画面细节进行重绘，生成质量更高的图片，效果如图13-7所示。

图 13-6 点击"细节重绘"按钮

图 13-7 生成质量更高的图片

摄影师可以将AI照片上传至图虫或其他在线图库，设置合理的价格，通过版权销售获得收益。除了传统的图库网站，摄影师还可以利用在线市场和社交媒体平台推广和销售自己的AI摄影作品。通过这些渠道，摄影师可以直接与用户互动，了解市场需求，进一步拓宽收入来源。

另外，对于生成了具有独特风格或主题的照片的摄影师，图片授权提供了另一种盈利途径。通过向感兴趣的用户授权使用照片，摄影师可以从中获得收益。

13.2 利用展览会展示AI摄影作品变现

扫码看视频

摄影师可以利用各种艺术展览会作为展示AI摄影作品的平台，这不仅能够提升个人知名度，还能提升品牌价值。通过这些活动，摄影师能够将AI摄影的魅力直接传达给公众和专业用户。

摄影师现在可以更轻松地利用AI创作，通过关键词触发AI，生成无人工操作痕迹的艺术画作，相关示例如图13-8所示。这一过程的简化，使得摄影师能够专注于创意构思，而非技术操作。

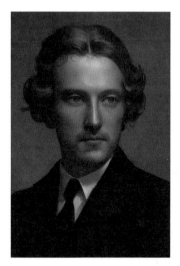

图13-8 AI生成的艺术画作示例

AI摄影作品的展览会不仅是艺术展示，也是创新性和前瞻性的一种体现。摄影师将摄影技术与AI技术相结合，创作出反映时代精神的摄影作品，引领观众探索AI技术的前沿。

AI摄影作品的展览通常会吸引学者、艺术家、摄影师及AI技术爱好者广泛参与。AI摄影作品因其独特性和创新性，在展览会上具有很大的市场潜力。展览作品的拍卖，为AI摄影作品提供了更多的变现机会。另外，随着公众对AI艺术认知度和接受度的提高，AI摄影作品的商业价值也在不断上升。

13.3 通过AI写真摄影服务接单变现

扫码看视频

AI技术的应用，使得写真摄影服务不再局限于传统的拍摄对象。如今，摄影师可以通过提供AI增强的个人写真、婚礼、商业活动、家庭肖像等摄影服务来吸引用户，拓宽服务范围。

在AI写真摄影领域，技术的精进与审美的提高同等重要。摄影师需要不断练习技术，同时利用AI工具提升作品的艺术性，以确保在竞争激烈的市场中脱颖而出。当然，AI写真摄影服务的个性化是吸引用户的关键。摄影师可以根据用户的需求，利用AI技术提供定制化的照片风格和效果，满足用户的个性化需求，相关示例如图13-9所示。

图 13-9　AI 生成的个性化写真照片示例

下面介绍使用Photoshop+Stable Diffusion生成个性化写真照片的操作方法。

步骤01 在Photoshop中选择"文件"|"打开"命令，打开一张原图，在浮动工具栏中单击"选择主体"按钮，如图13-10所示。

步骤02 执行操作后，即可自动选中图像中的人物主体部分，如图13-11所示。

图 13-10　单击"选择主体"按钮　　　　　图 13-11　选中图像中的人物主体

步骤03 创建一个新的空白图层，按【Ctrl+Delelte】组合键，在选区内填充默认的背景色（白色），如图13-12所示。

步骤04 按【Ctrl+Shift+I】组合键反选选区，按【Alt+Delelte】组合键，在

选区内填充默认的前景色（黑色），按【Ctrl+D】组合键取消选区，即可完成蒙版的制作，效果如图13-13所示，将该图片导出为PNG格式。

图 13-12　填充默认的背景色

图 13-13　完成蒙版的制作

步骤05 在Stable Diffusion的"图生图"页面中，单击"上传重绘蒙版"选项卡，如图13-14所示。通过使用Stable Diffusion的"上传重绘蒙版"功能，手动上传一张黑白图片当作蒙版进行重绘，从而使原有蒙版中的细节能被完好地保留下来。

图 13-14　单击"上传重绘蒙版"选项卡

步骤06 执行操作后，切换至"上传重绘蒙版"选项卡，分别上传原图和蒙版，如图13-15所示。

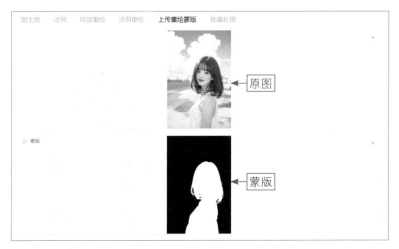

图 13-15 上传原图和蒙版

步骤 07 在"蒙版模式"选项组中，选中"重绘非蒙版内容"单选按钮，这样就不会影响到图中的人物，让AI只画背景内容，如图13-16所示。

图 13-16 选中"重绘非蒙版内容"单选按钮

步骤 08 在"重绘尺寸"选项卡中，单击 ⌐ 按钮，自动检测原图的尺寸，并设置"重绘幅度"为1，产生变化更强烈的图像效果，如图13-17所示。

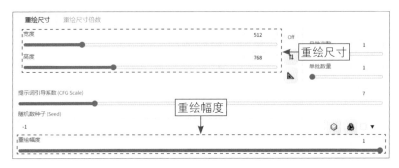

图 13-17 设置相应的参数

步骤 09 选择一个写实类的大模型，并输入相应的提示词，用于控制AI绘画的内容和风格，如图13-18所示。

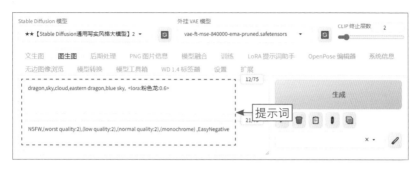

图 13-18　输入相应的提示词

步骤 10 单击"生成"按钮，即可生成相应的AI写真图像，在不改变人物的前提下重绘背景，效果如图13-19所示。

图 13-19　生成相应的 AI 写真图像

在传统摄影中，拍摄一套高质量的写真照片往往花费巨大，包括服装租赁、场地选择、化妆造型等多个环节，整体费用轻松就能达到数百元。但是，随着AI绘画技术的发展，对于传统摄影的影响可谓非常大。现在，只需提供一张基础照片，利用AI技术就能够将其转换成一系列令人惊叹的精美写真，大大减少了成本和准备工作的复杂性。

摄影师可以结合技术优势和个性化服务，通过AI写真摄影服务接单实现变现。需要注意的是，对于希望依靠接单变现的摄影师，积极展示自己的作品至关重要。通过线上平台和线下展览，摄影师可以提高作品的曝光度，吸引潜在用户的注意。

13.4 通过发布AI照片来获得广告收入

随着各种社交媒体平台的兴起，如果拥有一定量级的粉丝，则可以通过发布AI生成的照片来吸引广告商的注意，这种方式为摄影师提供了一个展示创意并获得收入的新平台。

利用AI技术生成的照片具有独特的艺术价值和商业潜力，通过社交媒体的广泛传播，这些照片能够吸引大量用户的注意，为广告合作创造机会。利用AI技术生成的照片可以用于制作新颖的广告内容，这些内容往往更具吸引力和创新性。广告商可以利用AI照片的独特性来提升品牌形象，吸引目标用户群。

另外，摄影师还可以与品牌和企业建立合作关系，提供包括拍照、编辑、设计在内的一站式摄影服务。利用AI技术，摄影师能够快速响应品牌需求，提供个性化的广告照片制作服务。

当然，为了最大化广告收入，摄影师需要制定有效的社交媒体营销策略，包括定期发布高质量的AI照片、与粉丝互动、分析数据及优化发布时间等，相关示例如图13-20所示。

图 13-20　通过社交媒体（微信朋友圈）定期发布高质量的 AI 照片

13.5 将AI摄影作品结集出版赚取稿费

随着AI技术的介入，摄影作品的创作不再局限于传统摄影技术的限制。AI摄影作品因其独特性和创新性，正逐渐受到出版市场的青睐。摄影师可以利用AI技术创作个性化的摄影集或教学书籍，如图13-21所示，并通过出版获得稿费。

图 13-21　AI 摄影的相关书籍

不过，出版一本摄影书籍需要投入一定的精力和资金，包括设计、印刷和分销等。对普通摄影爱好者而言，这可能是一个挑战。然而，随着AI技术的发展，这些成本正在逐渐降低，使得个人出版成为可能。

摄影书籍通常分为教学类和个人作品集类。对于有教学能力和独特摄影风格的摄影师，出版教学书籍或个人作品集不仅能展示其专业技能，而且能作为其艺术生涯的一部分，提升自身的影响力。

除了出版书籍，摄影师还可以将AI摄影作品投稿给杂志、报纸等出版物，通过作品的印刷和网络出版赚取稿费和版权费，这种方式可以为摄影师提供稳定的收入来源。

另外，摄影师还可以通过多个渠道分发和销售摄影书籍，包括在线书店、实体书店和个人网站等，多渠道分发可以扩大作品的受众范围，提高销售量。

13.6　开设AI摄影课程并获得收益

扫码看视频

随着AI技术在摄影领域的应用日益广泛，越来越多的摄影爱好者希望学习利用AI技术创作出独特的摄影作品。经验丰富的摄影师可以通过开设相关课程，教授AI摄影技巧，不仅能分享专业知识，满足这一市场需求，还能成为一种可观的副业收入来源，相关示例如图13-22所示。

图 13-22　AI 摄影的相关课程

在线教育的兴起，为摄影师提供了一个便捷的教学平台，通过网课，摄影师可以突破地理限制，向全球学员传授AI摄影知识。此外，网课平台的流量广告和学费机制也为摄影师提供了变现的可能。

要开设AI摄影课程，摄影师需要具备一定的个人品牌和行业影响力。通过参与行业交流、发布作品、撰写教程等方式，摄影师可以逐步构建起自己的品牌和影响力，更好地包装自己，建立专业可信的形象，相关示例如图13-23所示。

图 13-23　摄影师的包装示例

另外，有效的宣传和营销是成功开设AI摄影课程的关键。摄影师可以利用社交媒体、专业论坛和线下活动等多种渠道进行宣传，吸引潜在的学员。

成功的AI摄影课程需要精心规划和设计。摄影师应根据学员的需求和水平，设计出既有深度又易于理解的课程内容。同时，将实践操作和案例分析相结合可以提高课程的吸引力。

在教学过程中，与学员的互动和反馈至关重要。摄影师应鼓励学员提问和交流，及时解答学员的疑惑，收集学员的反馈，不断优化课程内容。例如，摄影师可以通过公众号点评文章来与学员进行更深入的互动，建立起一个积极的学习社区，相关示例如图13-24所示。

图13-24 公众号点评文章的相关示例

由于AI技术在摄影领域的应用不断更新，因此摄影师需要持续学习最新的技术，了解最新的趋势，不断更新课程内容，保持课程的前瞻性和实用性。除了学费收入，摄影师还可以通过出售课程资料、提供一对一辅导、举办线下工作坊等方式，实现收益的多元化。

13.7 参加各类AI摄影比赛获取奖金

扫码看视频

随着AI技术的融入，摄影比赛不再局限于传统摄影作品。国内外众多设计和摄影网站、手机与科技厂商纷纷举办AI摄影比赛，为摄影师提供了展示创意和赢取奖金的平台。图13-25所示为胡里山炮台发布的"摄影短视频AI创意大赛"示例。

摄影师可以利用网络投稿系统参与比赛，同时通过社交媒体宣传自己的作品，从而提高作品的曝光率，吸引更多的关注和支持。另外，摄影师还需要了解不同比赛的评审流程和标准，根据评审偏好调整作品风格，可以提高获奖的概率。

图 13-25　胡里山炮台发布的"摄影短视频 AI 创意大赛"示例

例如，巴拉瑞特国际摄影双年展首次设立了AI图像奖项，吸引了全球众多摄影师和艺术家参与，共收到了超过一百件参赛作品。其中，由安妮卡·诺登斯基尔德（Annika Nordenskiöld）创作的AI作品——《恋爱中的双胞胎姐妹》（Twin Sisters in Love）成功入选，并赢得了2000美元的奖金，这在艺术界引发了激烈的讨论。

除了比赛奖金，摄影师还可以通过出售作品、举办展览、出版摄影集等多种方式获得收益，这种多元化的收益渠道可以降低市场风险，提高副业收入的稳定性。

13.8　做AI摄影自媒体账号通过流量变现

扫码看视频

随着自媒体的发展，短视频成为吸引流量的新宠。摄影师运营AI摄影自媒体账号，通过将照片和拍摄过程制作成视频内容，并配以精心编写的文案，可以更有效地吸引和保持用户的注意力，从而获得更好的流量表现，相关示例如图13-26所示。当摄影师通过运营AI摄影自媒体账号积累了一定的粉丝基础后，可以通过平台的流量分成和广告合作获得收益。

在小红书、抖音等平台上，很多专注于运营AIGC的自媒体账号的摄影师通过分享AI摄影作品，成功吸引了大量粉丝。他们通过接受品牌推广、出售相关课程，实现了流量的商业转化。

为了持续吸引流量，摄影师需要不断创新内容形式，并增加与粉丝的互动。通过举办线上活动、互动问答等方式，提升粉丝的参与度和忠诚度。除了在单一平台上运营，摄影师还可以考虑多平台运营策略，通过在不同的平台上发布内容，可以扩大触及的受众范围，增加流量来源。

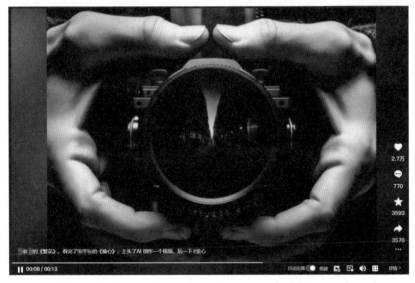

图13-26 摄影师在 AI 摄影自媒体账号发布的内容示例

以抖音为例，摄影师在发布AI短视频作品时，可以加入"中视频伙伴计划"，该计划旨在鼓励大家制作并发布时长超过1分钟的原创横屏视频内容，并通过这些平台获得流量分成，从而获得收益。摄影师可以进入抖音创作者中心的"作品管理"页面，单击"立即加入"按钮，如图13-27所示。

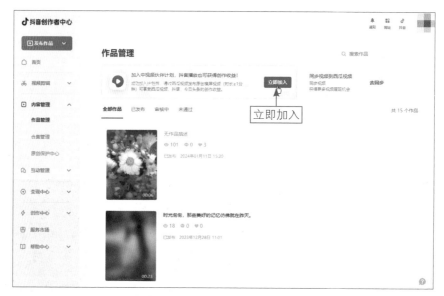

图13-27　在"作品管理"页面中单击"立即加入"按钮

执行操作，进入西瓜视频的"中视频伙伴计划"页面，单击"立即加入"按钮，如图13-28所示，根据提示绑定西瓜视频账号即可。

图13-28　在"中视频伙伴计划"页面中单击"立即加入"按钮

另外，摄影师还可以通过多种方式进行商业合作和变现。例如，与摄影器材品牌合作、参与旅游目的地推广或者提供专业摄影服务等。

第 14 章　6 个技巧，用 AI 服务做副业赚钱

从技术支持到网站引流，从教育培训到数字服务，利用AI服务开辟副业的机会无处不在。本章将介绍6个实用的副业赚钱技巧，帮助大家在AI服务领域找到自己的位置，无论是AI技术专家还是初学者，都能通过这些技巧实现知识和技能的变现。

14.1 用AI提供技术支持服务

扫码看视频

随着人工智能技术的飞速发展，AI技术服务正成为副业赚钱的新兴领域。将AI应用部署到公众号、微信群、飞书等平台，大多数人可能只是用于娱乐，但对具有商业洞察力的人来说，这是一个提供技术支持服务的商机。通过帮助企业或个人部署AI应用，可以获得不菲的客单价。

随着企业数字化转型的加速，对于AI技术支持的需求日益增长。无论是自动化客服、智能推荐系统还是数据分析，AI技术都能提供强大的支持。为这些需求提供定制化的部署服务，可以开辟出一条盈利丰厚的副业路径。例如，下面是一个使用百度飞桨AI Studio平台开发的"财务顾问"AI应用，可以帮助用户提供投资组合建议，如图14-1所示。

图 14-1 "财务顾问"AI 应用

☆ 专 家 提 醒 ☆

AI Studio是一个依托于百度飞桨这一深度学习开源平台的人工智能教育和实践社区，它为开发者提供了一个高效能的在线训练环境，并且提供了免费的GPU算力和存储资源，以助力开发者在人工智能领域的学习和创新。通过AI Studio，开发者可以更加便捷地开展AI应用的开发，加速从理论到实践的转变。

开发者可以非常方便地通过AI Studio部署各种AI应用，只需进入"应用"页面中"我创建的"选项卡，选择相应的AI应用，单击右上角的…按钮，在弹出的列表中选择"部署"选项，如图14-2所示。

图 14-2　选择"部署"选项

执行操作后，弹出"确认部署应用？"对话框，单击"确认"按钮，即可成功部署"财务顾问"AI应用，如图14-3所示。AI Studio允许开发者在企业级平台上构建和部署生成式AI应用程序，这些应用程序可以用于自动化任务、数据分析、客户服务等多种场景，从而加速AI技术的实际应用和业务集成。

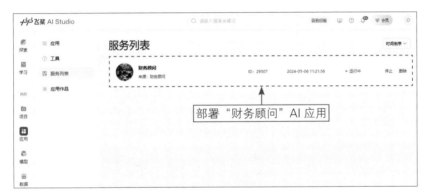

图 14-3　成功部署"财务顾问"AI 应用

当然，提供AI技术服务需要具备一定的技术背景和实践经验。大家可以利用自己的专业优势，为用户提供专业的AI部署和咨询服务，不仅能帮助他们解决实际问题，而且能为自己带来可观的收入。

除了AI部署服务，大家还可以考虑提供其他相关的技术服务，如AI应用开发、数据分析和智能硬件集成等，通过提供多元化的AI技术支持服务，可以满足不同用户的需求，增加副业收入来源。

14.2　用AI做短信服务商

AI技术在短信服务领域的应用，为创业者提供了新的开拓副业的机会。随着互联网服务的增多，用户在注册各类服务时常常需要用到

扫码看视频

虚拟电话号码。自己搭建一个接码平台，可以为这些用户提供便利，并从中获得服务费，形成稳定的收入来源。

通过提供接码服务，创业者可以根据不同地区的注册价格收取一定的服务费。即使每个号码只赚取小额费用，如一块钱，累积起来也是一笔可观的收入，尤其是在用户量大的情况下。

例如，Receive SMS平台提供了各个国家的虚拟手机号码，界面简洁，每天更新不同的手机号码，如图14-4所示。需要注意的是，使用这类平台时应遵守相关法律法规，不得用于非法用途。同时，由于这些服务可能涉及隐私和安全风险，不建议用于接收重要或敏感内容的短信验证码。

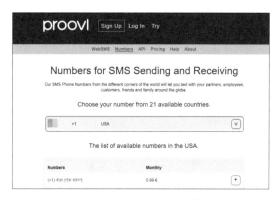

图 14-4　Receive SMS 平台的接码服务

AI技术可以用于自动化管理接码平台，提高号码分配、短信接收和验证过程的效率。此外，AI还可以帮助识别和过滤垃圾短信，提升用户体验。搭建接码平台需要一定的技术背景，包括服务器管理、软件开发和网络安全等知识。对于不熟悉这些领域的创业者，可以考虑与技术人员合作，或者利用现有的AI服务平台快速搭建。

另外，创业者在搭建接码平台前，需要对市场进行调研，了解目标用户的需求和竞争对手的情况。根据调研结果，可以确定平台的定位，如专注于特定地区的号码供应，或者提供多语种服务等。

14.3　做AI导航网站引流变现

扫码看视频

AI技术的兴起，带动了一大批AI导航网站的诞生，从文字生成图像到音频、视频的转换，AI技术的多样性为创建导航网站提供了丰富的内容资源。图14-5所示为AI导航网站，在左侧的导航栏中可以看到网站的基本功能。

图14-5 AI导航网站的基本功能

对不熟悉AI领域的人来说，寻找合适的AI应用可能是一项挑战。一个全面、易于使用的AI导航网站能够吸引大量用户，满足他们对AI应用的需求。具备网站建设技术的人可以汇总这些AI网站链接，创建一个导航网站。

通过良好的搜索引擎优化策略，可以提高AI导航网站在搜索结果中的排名，吸引更多的有机流量。为了保持AI导航网站的吸引力，网站主还需要定期更新内容，包括新增AI网站链接、更新AI技术动态等。同时，网站的维护也不可忽视，包括服务器管理、用户反馈处理等。

一旦导航网站拥有了稳定的流量，网站主就可以通过嵌入广告来实现变现了。与AI相关的广告商和服务商会愿意在流量丰富的导航网站上投放广告，为网站主带来收益。除了广告收入，网站主还可以考虑其他盈利方式，如提供付费的高级服务、与AI应用服务商合作分成、开展培训和咨询服务等。

14.4 提供AI驱动的数字服务

扫码看视频

AI技术正在逐渐渗透到各行各业，从自动化办公到智能客服，AI的商业潜力巨大。对个人而言，掌握AI技术并将其应用于提供数字服务，可以开辟一条新的副业收入渠道。

AI服务的范围非常广泛，包括但不限于数据分析、自动化营销、智能推荐系统和虚拟助手等。大家可以根据自己的技能和兴趣，选择一个或多个领域提供专业的AI服务。

为了提供高质量的AI服务，每个人都需要不断学习和提升自己的AI技能，包括对机器学习、深度学习、自然语言处理等AI核心技术的掌握，以及对行业动态的了解。了解市场需求是成功提供AI服务的关键，大家应通过市场调研，了解潜在用户的需求，然后根据自身的优势进行服务定位，提供定制化的AI解决方案。

利用在线平台，如Upwork、Freelancer等，可以扩大服务的覆盖范围，吸引更多的用户。同时，通过这些平台，个人可以接触到更广泛的项目，增加收入来源。图14-6所示为Upwork平台上的AI相关服务。

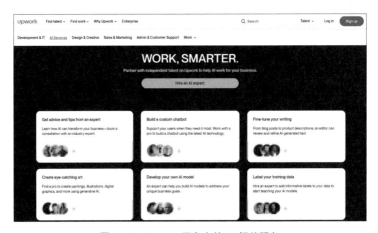

图 14-6　Upwork 平台上的 AI 相关服务

14.5　用AI做教育培训服务

随着在线教育的兴起，人们对AI教育培训服务的需求日益增长。无论是语言学习、编程技能提升还是专业课程深造，AI教育培训服务都能提供定制化的学习体验，满足不同用户的学习需求。通过AI，教师可以为学生提供个性化的学习路径和实时反馈，从而提高学习效率和效果。

要成功实施AI教育培训服务，需要具备一定的AI知识和技能，同时了解教育市场的需求。通过开发高质量的教学内容、提供个性化的学习支持和持续的技术更新，可以吸引并保留用户。要想利用AI教育培训服务变现，可以通过多种方式来实现，包括但不限于在线课程销售、订阅服务、一对一辅导和社区建设等。选择合适的变现模式，可以有效提升副业的盈利能力。

例如，网易云课堂平台便将"AI数字技能"作为重点课程分类，成功吸引了众多教师和专家发布相关课程，满足了公众对于人工智能知识学习的迫切需求，如图14-7所示。AI领域的教师和专家可以利用业余时间创建和发布课程，将自身知识和经验转化为教学内容，实现知识变现，开辟收入新渠道。

图 14-7　网易云课堂平台中的"AI 数字技能"课程分类

14.6　用AI提供宝宝起名服务

扫码看视频

　　宝宝起名服务是一个永恒的市场需求，每年无数新生儿的到来都为起名服务带来了新的机会。对于有资源和精力的创业者，这无疑是一个长期可为的副业项目。

　　利用ChatGPT等AI工具，可以打造一个智能的名字生成服务工具，如图14-8所示。AI具有强大的分析能力，能够根据出生日期、姓氏和性别等信息，为宝宝推荐高分名字，提供个性化的起名建议。除了基础的起名服务，AI还可以提供个性化的定制服务，如结合家庭文化、父母期望和诗词意境等元素，为宝宝提供更有深意的名字。

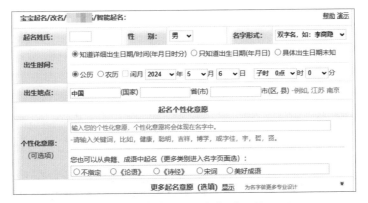

图 14-8　智能的名字生成服务工具

　　宝宝起名服务是一项具有高利润的业务，因为它主要涉及创意和专业知识，而成本相对较低，通过电商平台、新媒体等渠道，可以实现100%纯利润。

第 15 章　6 个技巧，用 AI 商业做副业赚钱

在当今的商业环境中，人工智能不仅是技术创新的代名词，更是商业增长和个人副业盈利的强大引擎。AI技术在商业领域中的副业赚钱机会无处不在，本章将为大家揭示如何将AI技术融入商业实践，开辟增收的副业渠道。

15.1 用AI做商业数据分析

随着AI时代的到来，AI能够快速且准确地完成业务数据的分析工作。在数据驱动的商业环境中，企业对于即时数据的需求日益增长，AI数据分析这一能力变得尤为关键。

AI技术通过智能分析能力，可以助力企业做出更加明智的业务决策。它能够处理和分析大量数据，为企业提供市场趋势、消费者行为和竞争对手策略等方面的深入见解。利用AI技术分析结果，企业可以制定更加精准的市场策略和产品规划。

AI技术不仅能分析现状，还能预测未来的市场变化，使企业能够在竞争激烈的市场中保持领先地位。AI模型能够有效分析海量数据，为企业提供市场预测、风险管理和产品研发等方面的决策支持。

例如，FineBI是一款前沿的自助式大数据分析工具，专为商业智能（Business Intelligence，BI）领域设计，如图15-1所示。FineBI以其强大的数据处理能力而著称，能够高效地处理和分析海量数据，同时它融合了尖端的机器学习技术，具备自动识别和揭示数据中潜在模式与趋势的能力。

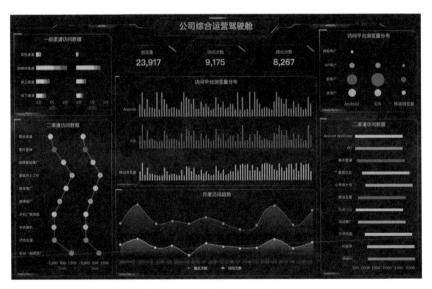

图 15-1 FineBI 大数据分析工具

对个人而言，掌握AI商业数据分析技能可以在副业市场中找到盈利的机会，通过为中小企业提供定制化的数据分析服务，可以获得额外的收入。

利用AI提供商业数据分析服务是一项有潜力的副业，尤其是在数据驱动决策日益重要的今天，下面是一些简单的流程，能够帮助大家快速开始并成功运营这样一项副业。

❶ 学习基础知识：首先，需要对数据分析和AI有一定的了解，包括数据科学、统计学、机器学习和深度学习的基础知识。

❷ 掌握工具和技术：学习使用数据分析和AI相关的工具，如Python、R、Tableau、Power BI、FineBI等。

❸ 确定服务范围：明确想要提供哪些服务，比如数据清洗、数据可视化、预测分析和客户细分等。

❹ 建立资源网络：加入与行业相关的在线社区和论坛，参加数据科学和商业分析会议，建立自己的资源网络。

❺ 创建在线平台：建立一个专业的在线平台，展示自己的技能、案例研究和成功故事。

❻ 了解市场需求：研究市场，了解哪些行业的公司可能需要数据分析服务，并针对这些需求定制要为客户提供的服务。

❼ 定价策略：根据要为客户提供的服务、技能水平和市场行情来定价。

❽ 营销和推广：使用社交媒体、内容营销、搜索引擎优化和口碑推广来吸引潜在的客户。

❾ 提供定制服务：根据客户的具体需求，提供定制化的数据分析解决方案。

❿ 保证数据安全和隐私：在提供服务时，确保遵守数据保护法规，保护客户的隐私和数据安全。

15.2　用AI生成会议记录和纪要

扫码看视频

在当今快节奏的商业环境中，会议记录和纪要的准确生成对企业决策和团队协作来说至关重要。AI在会议记录和纪要生成方面的应用，为职场人士提供了便利，不仅极大地提高了他们的工作效率，而且催生了新的副业赚钱机会。

AI会议记录服务通常包括实时语音转文字、会议要点提取、行动项识别和纪要生成等功能。例如，Otter.ai和Fireflies.ai等工具能够实时转录会议内容，并提供智能摘要。此外，这些工具还能与流行的视频会议平台集成，如Zoom和Microsoft Teams，进一步提高了使用的便捷性。

下面以Otter.ai为例，介绍生成会议记录的操作方法。

步骤 01　登录Otter.ai平台后，在Home（主页）页面单击右上角的Record（记录）按钮，如图15-2所示。

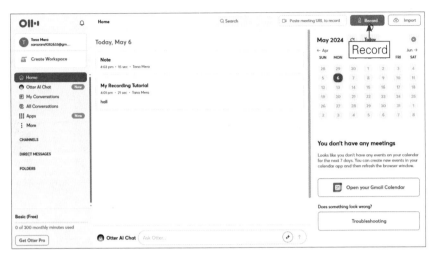

图 15-2　单击 Record 按钮

步骤 02 执行操作后，进入Note（笔记）页面，对准麦克风开始说话，即可自动记录和生成会议内容，如图15-3所示。

如今，人们对AI会议记录服务的需求在不断增加，说明利用AI技术进行会议记录和纪要生成的副业不仅可行，而且有潜力带来可观的收入，相关流程如下。

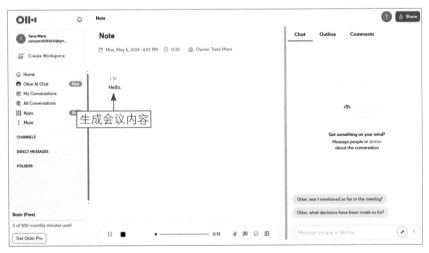

图 15-3　自动记录和生成会议内容

❶ 技术学习：投入时间和精力学习AI相关的知识和技能。

❷ 市场调研：了解潜在客户的需求，定位服务的市场缺口。

❸ 工具选择：选择或开发适合自己的AI会议记录工具。

❹ 服务定位：明确要提供的服务内容，如会议纪要生成、数据分析等。

❺ 营销推广：通过社交媒体、专业网络和口碑推广要为客户提供的服务。

❻ 客户关系：提供优质的客户服务，建立长期合作关系。

通过上述步骤，对这一领域感兴趣并愿意为之付出努力的人，现在就是开始的最佳时机。

15.3 用AI提供商业咨询服务

扫码看视频

AI的先进算法和数据处理能力，使其成为提供专业建议和解决方案的理想工具，能够为个人和企业提供广泛的商业咨询服务，不仅能够帮助企业提高决策质量，还能为个人开辟新的收入来源。

下面以文心一言为例，介绍用AI提供商业咨询服务的操作方法。

步骤01 进入文心一言的"对话"页面，输入相应的提示词，如图15-4所示，提供具体的指令和足够的细节，以便AI能够理解用户的需求并生成相关的输出。

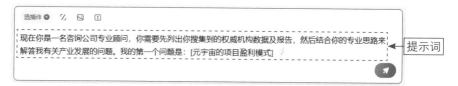

图 15-4 输入相应的提示词

步骤02 单击 按钮，即可生成如下内容，AI会作为咨询公司的专业顾问，解答用户提出的商业问题。

作为咨询公司的专业顾问，在探讨元宇宙的项目盈利模式时，我首先会参考多个权威机构的数据和报告，包括但不限于国际数据公司（IDC）、Gartner、德勤等发布的关于元宇宙、数字经济、虚拟现实和增强现实等领域的最新研究。以下是我基于这些数据和报告，结合专业思路对元宇宙项目盈利模式的解析。

一、权威机构数据及报告概述

· IDC预测元宇宙市场将在未来几年内呈现快速增长态势，其中虚拟商品交易、虚拟广告、虚拟服务等领域将成为主要盈利点。

· Gartner报告指出，随着元宇宙技术的成熟和普及，企业将在其中寻找新的营销、销售和客户服务机会。

▪德勤在报告中强调了元宇宙在知识经济领域的重要性，预计技能与知识分享将成为元宇宙中的新兴盈利方式。

二、元宇宙项目盈利模式分析

▪虚拟商品交易：元宇宙中的虚拟商品，如虚拟土地、房产、服装、道具等，具有独特的观赏价值和社交属性。项目方可以通过销售这些虚拟商品来获取收入，同时也可以通过搭建虚拟商品交易平台，为玩家提供买卖虚拟商品的场所，从而获取交易手续费等收益。

▪虚拟广告与品牌推广：元宇宙作为一个全新的虚拟世界，吸引了大量用户的关注。品牌方可以在元宇宙中投放虚拟广告，通过定制化的虚拟活动、品牌形象展示等方式，提高品牌曝光度和用户黏性。项目方可以通过与品牌方合作，为其提供广告位、活动策划等服务，从而获取广告费用。

……（略）

在实际应用案例中，大家可以看到AI技术是如何在商业咨询服务中发挥作用的。例如，亚马逊利用生成式AI为客户提供个性化内容，通过个性化产品推荐和创建个性化产品描述，提升了客户的购物体验。沃尔玛则使用AI技术为智能商店提供动力，通过分析客户行为和销售数据，提供个性化的推荐和产品建议，显著提高了客户的满意度。

Shopify和eBay等电商平台也纷纷推出基于AI的服务，如Shopify Magic和eBay的ShopBot个人购物助理，这些工具通过集成AI技术，简化了商家的运营流程，同时优化了消费者的购物体验。

AI技术在商业咨询服务中的应用不仅限于电商领域。在教育、城市规划、政策制定等公共服务领域，AI同样展现出了强大的潜力。通过提供个性化方案、高效的设计模拟，以及数据驱动的决策支持，AI技术正在不断优化公共服务的质量和效率。

15.4　用AI完成各类金融事务

扫码看视频

在当今的金融行业中，AI正逐渐成为推动创新和提高效率的关键因素。AI技术的应用范围广泛，从客户服务到风险管理，再到营销策略的制定和执行，AI正在改变金融业务的多个方面，也给人们增加了很多利用副业赚钱的机会。下面是一些利用AI技术在金融领域开展副业并实现盈利的策略。

❶ 智能投顾服务：AI可以分析客户的财务状况、风险偏好和收益目标，

为投资顾问提供个性化的资产配置建议，并持续跟踪市场变化以动态调整投资组合。

❷ 风险管理和合规性：AI系统能够分析大量数据，帮助金融机构识别潜在的风险点，加强反洗钱（Anti-Money Laundering，AML）和"了解你的客户"（Know Your Customer，KYC）的合规性监管。

❸ 个性化营销：通过深度学习算法，AI可以对客户的交易和行为数据进行分析，为金融机构提供精准的营销策略，提升营销效率和客户体验。

❹ 客户服务优化：由AI驱动的聊天机器人和虚拟助手能够提供7（天）×24（小时）的即时客户服务，减少人力成本并提高响应速度。例如，上海银行联手商汤科技"如影"团队开发的AI数字员工"海小智"和"海小慧"，为客户提供一种全新的沉浸式和科幻风格的银行业务体验，如图15-5所示。通过利用最新的AI技术，这两位AI数字员工能够提供高度个性化的服务，满足不同客户的定制化需求。

❺ 数据分析与报告生成：AI可以自动化地分析财务数据，生成风险评估报告、投资绩效报告等，帮助金融分析师快速做出决策。

图 15-5　AI 数字员工"海小智"和"海小慧"

❻ 合成数据生成：AI可以创造合成数据集，用于训练模型，提高预测市场动态的准确性，同时更好地保护客户隐私。

❼ 开放银行服务：新生代银行通过建立开放平台和API，实现与第三方服务的无缝整合，为客户提供更加便捷的金融服务。

❽ 合作伙伴生态系统：通过与社交媒体、电商平台等建立合作，新生代银行可以扩大服务范围，提高产品的市场渗透率。

❾ 客户生命周期价值（Life Time Value，LTV）管理：AI可以帮助银行分析

客户价值，通过精细化运营提升客户忠诚度和生命周期内的收益。

❿ AI技能培训：随着AI在金融行业的重要性日益增加，提供AI技能培训服务，帮助金融从业者提升AI相关的知识和技能，也是一个有潜力的副业方向。

15.5　用AI生成市场分析报告

扫码看视频

AI的高级算法能够处理和分析大量数据，为企业了解市场趋势提供洞察力，这使得AI生成的市场分析报告成为商业决策中不可或缺的一部分。大家可以根据用户的具体需求，使用AI工具定制详细的市场分析报告，这些报告可以涵盖行业趋势、消费者行为分析、竞争对手分析等。

例如，Plus AI是一款人工智能生成简报工具，它与Google Slides（谷歌推出的一款在线幻灯片制作工具）集成，使用户能够快速创建精美的市场研究报告，如图15-6所示。

Plus AI的特色在于它利用先进的人工智能技术，根据用户输入的主题或内容大纲，自动生成包含设计和布局的幻灯片。Plus AI支持中文输入和生成，可以一次性生成多达20页的简报，并提供自动化图表模板，允许用户输入数据后选择不同的图表展示方式。

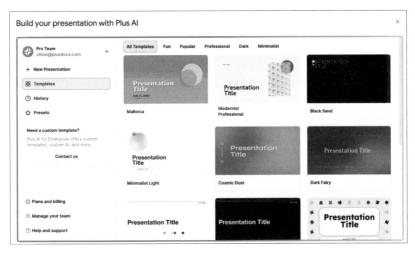

图 15-6　Plus AI 人工智能生成简报工具

使用AI生成市场分析报告作为副业，金融行业从业人员可以获得额外的收入流。通过提供定制化的市场研究、实时数据监测、风险评估和趋势预测服务，金融行业从业人员可以吸引寻求深度市场洞察的企业和投资者。同时，随着市场需求的增加，这项副业有潜力成为金融行业从业人员获取额外收入的来源。

15.6 AI产品开发与销售

扫码看视频

将AI产品开发与销售作为副业可以采取多种形态，关键在于创新和解决实际问题。下面是一些将AI产品开发转化为盈利副业的策略。

❶ 开发特定领域的AI工具：针对特定行业的需求开发AI工具，如客服聊天机器人、个性化推荐系统或自动化办公软件。

❷ AI应用定制开发：提供定制AI应用开发服务，如智能图像识别、自然语言处理或数据分析工具。

❸ 移动应用集成AI功能：开发移动应用程序，集成AI功能，如语音识别、智能助手或健康监测工具。

❹ 开发AI硬件产品：结合AI软件与硬件，开发智能家居设备、健康监测仪器或其他消费电子产品。

❺ 平台即服务（Platform as a Service，PaaS）：构建AI服务平台，提供机器学习模型训练、部署和管理的全套服务。

❻ 参与AI项目外包：在自由职业者市场或专业外包平台上寻找关于AI项目的机会，提供临时性的AI开发服务。